NOTES & RENSEIGNEMENTS

POUR

SERVIR A LA STATISTIQUE AGRICOLE

DU

DÉPARTEMENT DU CHER.

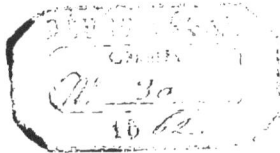

NOTES & RENSEIGNEMENTS

POUR SERVIR A LA

STATISTIQUE AGRICOLE

DU DÉPARTEMENT DU CHER

PAR

L. GALLICHER, Ingénieur civil,

MEMBRE DE LA SOCIÉTÉ D'AGRICULTURE DU CHER,

VICE-PRÉSIDENT DU COMICE AGRICOLE DE BOURGES.

———⟶✦⟵———

BOURGES

IMPRIMERIE ET LITHOGRAPHIE A. JOLLET FILS,

Imprimeur de la Préfecture, de la Mairie, des Comices agricoles, etc.

——

1862

RAPPORT

FAIT

A LA SOCIÉTÉ D'AGRICULTURE DU CHER,

PAR M. DE BENGY-PUYVALLÉE,

SON PRÉSIDENT,

SUR UN MÉMOIRE

AYANT POUR TITRE

Notes et Renseignements pour servir à la Statistique du département du Cher.

PAR M. GALLICHER, MEMBRE DE CETTE SOCIÉTÉ.

(Séance du 10 novembre 1861.)

———

MESSIEURS,

Notre honorable collègue M. Gallicher m'ayant entretenu d'un travail qu'il avait entrepris, et qui contient des renseignements pouvant servir à établir la situation agricole de notre département, je l'ai engagé à présenter ce travail à la Société d'agriculture, l'assurant que certainement elle lui saurait gré de ses efforts pour suppléer aux statistiques incomplètes qui ont parues sur le département du Cher. M. Gallicher, après avoir terminé ce travail me l'a adressé pour que je le soumisse à votre appréciation. Malheureusement il ne m'est parvenu que le jour même de la séance qui a clos notre session de

1.

1860 à 1861. Il était trop tard pour que le mémoire de M. Gallicher put être examiné avant cette séance, et la Société a décidé qu'elle s'en occuperait après les vacances.

J'ai pensé qu'il vous serait agréable d'avoir à notre première réunion quelques détails sur ce travail. Je l'ai examiné et j'y ai trouvé ce qu'on trouve toujours dans ce qui émane de notre collègue M. Gallicher. L'ouvrage est divisé avec méthode; chaque section est, selon le besoin, subdivisé de manière à classer facilement dans l'esprit du lecteur les faits et les circonstances qui méritent d'être signalés.

M. Gallicher ayant entrepris dans cette œuvre un travail de détail et néanmoins d'appréciation sur tout ce qui touche à l'ensemble de l'agriculture du département, il a rempli ce but avec une lucidité remarquable. On ne rencontre dans ce travail aucune digression inutile. On n'y trouve que des faits rendus avec clarté et des chiffres qui établissent d'une manière claire les évaluations des produits et des contenances.

Tout ce qui constitue une statistique agricole, en tant qu'elle se rapporte à tous les produits de la terre, de quelque nature qu'ils soient, sont compris dans cet ouvrage. Toutefois M. Gallicher a su être court malgré tous les détails qu'il a embrassés. Sans doute il aurait pu s'étendre davantage sur quelques renseignements qu'il a consignés dans l'ouvrage, mais il a senti la nécessité de ne pas allonger sans motifs puissants un mémoire qu'il intitule : *Notes et Renseignements pour servir à la Statistique du département du Cher.*

Ce qu'il s'est proposé, il l'a exécuté avec la clarté de style qui lui est propre, et que nous lui connaissons. C'est une étude qui sera lue avec intérêt, et qui sera consultée souvent. Si, comme je vous le propose, vous en ordonnez l'insertion dans votre Bulletin, les personnes qui ne connaissent pas le département du Cher y trouveront les documents nécessaires pour se mettre au fait de ses intérêts et de la nature des produits qui se rencontrent dans cette partie du Berry; celles qui sont du pays seront heureuses d'y trouver des renseigne-

ments qui leur éviteront des recherches souvent difficiles.
Enfin cette étude, quoique restreinte dans son étendue, contient cependant beaucoup de choses, et elle sera d'un puissant secours à tout auteur qui voudra entreprendre une Statistique détaillée du département du Cher.

Nous devons donc, Messieurs, des remercîments à notre
collègue pour ce travail qu'il a destiné pour la Société d'agriculture, et je ne doute point que vous ne vous empressiez
d'en ordonner l'insertion dans le Bulletin de la Société.

Je ne vous propose pas la lecture de ce Mémoire en séance,
parce que si vous en ordonnez l'impression, il sera bien mieux
apprécié par vous en le lisant qu'il ne pourrait l'être dans
l'audition d'une lecture fugitive, dans laquelle il est très difficile de saisir le détail des faits et le résultat des chiffres.

NOTES ET RENSEIGNEMENTS

POUR

SERVIR A LA STATISTIQUE AGRICOLE DU DÉPARTEMENT DU CHER,

Par M. GALLICHER,

MEMBRE DE LA SOCIÉTÉ D'AGRICULTURE DU CHER.

⸺

§ I. — DESCRIPTION GÉNÉRALE.

⸺

I. — Position géographique.

⸺

Le département du Cher occupe la position la plus centrale de la France. — Une colonne milliaire dressée au milieu du village de Bruères (près St-Amand), dans le voisinage duquel elle a été découverte, indique assez exactement le centre géométrique de l'Empire. — Le méridien de Paris, qui passe à peu de distance à l'ouest de Bourges, le coupe, dans sa plus grande longueur, en deux parties à peu près égales. — Il est compris, d'une part, entre le 46e degré 25 minutes 36 secondes, et le 47e degré 38 minutes de latitude N, et d'autre part entre la 46e minute, longitude orientale, et la 31e minute, longitude occidentale, du méridien de Paris.

Sa forme est oblongue ; son plus grand axe, dans le sens du méridien, est de 133 kilomètres ; — sa plus grande largeur de l'est à l'ouest de 92 kilomètres.

Il est borné au nord par le département du Loiret et les vastes plateaux de la Sologne. — A l'est par la Loire et l'Allier qui le séparent de celui de la Nièvre; au sud par les départements de l'Allier et de la Creuse; à l'ouest par ceux de l'Indre et de Loir-et-Cher. — Son périmètre est de 450 kilomètres.

II. — Orographie. — Hydrographie.

Le département du Cher présente, au centre et à l'ouest, un vaste plateau calcaire fermé par deux chaînes de collines qui s'élèvent au nord et au sud.

Celles du sud sont les derniers gradins des montagnes centrales de l'Auvergne, et appartiennent en partie au noyau de terrains cristalisés qui fait saillie dans les départements de la Creuse et de l'Allier. Sur les confins du Cher, dans la commune de Préveranges, on trouve le point culminant de cette chaîne de collines granitiques, son altitude est de 500 mètres au-dessus du niveau de la mer.

Une chaîne secondaire, qui commence dans l'Indre, vient passer à Touchay et à Morlac, laisse au sud St-Amand et Charenton, et se prolonge jusqu'à St-Hilaire-de-Gondilly, en donnant naissance aux riches vallées d'Orcenais, de St-Pierre, de Bannegon et de Germigny. — Le point culminant de cette chaîne est la tour du Belvédère, près St-Amand, dont l'altitude est de 315 mètres.

La chaîne du nord commence à se dessiner à quelques lieues au-delà de Bourges pour prendre un mouvement plus accidenté dans l'est où elle forme les mamelons et les coteaux du Sancerrois. — Toutes ces collines ont une pente moins forte vers le NO et se fondent successivement avec le vaste plateau siliceux de la Sologne. — Elles ont leur point culminant à Humbligny, à une altitude de 430 mètres.

L'altitude moyenne du grand plateau calcaire compris entre ces collines est de 160 mètres.

Celle du plateau siliceux de la Sologne est de 180 mètres. Enfin le point le plus bas (le lit du Cher à Thénioux) est encore à 98 mètres au-dessus du niveau de la mer.

A proprement parler, le département du Cher appartient tout entier au grand bassin de la Loire ; mais comme ses eaux ne viennent pas toutes se réunir à ce fleuve dans la partie qui baigne le département, on peut, en raison de la division et de la direction des cours d'eau, distinguer trois bassins particuliers :

1o LE BASSIN DE LA LOIRE, qui reçoit les eaux des versants de l'Est, a pour affluents l'*Aubois*, qui prend sa source à Augy et va se jeter à Marseille-les-Aubigny, après un cours presque parallèle à l'Allier et à la Loire ; la *Vauvise* qui, commençant à Nérondes, va se jeter dans la Loire, près de Sancerre.

2o LE BASSIN DU CHER, au centre duquel coule cette rivière, a pour affluents principaux : sur la rive gauche, l'*Arnon*, rivière importante qui prend sa source dans les montagnes de la Creuse, réunit tous les cours d'eau de la contrée granitique et va se jeter dans le Cher au-dessous de Vierzon. — C'est comme le Cher une rivière torrentueuse et irrégulière.

Sur la rive droite, la *Marmande*, aux eaux calmes et contenues, qui arrose la vallée de St-Pierre et vient se réunir au Cher à St-Amand ; — l'*Yèvre* qui porte à Vierzon les eaux réunies de l'*Auron*, de l'*Yévrette*, du *Moulon*, du *Collin* et de plusieurs autres ruisseaux qui, provenant des versants du nord, de l'ouest et du sud, viennent se réunir à Bourges.

3o LE BASSIN DE LA SAULDRE reçoit toutes les eaux provenant des versants du nord, des collines du Sancerrois et celles des plateaux de la Sologne. — Les affluents principaux sont la *Grande-Sauldre* qui prend sa source à Humbligny et va se jeter dans le Cher à Selles, après avoir reçu la *Petite-Sauldre*, la *Nère* et la *Rère*.

La pente de toutes ces rivières est assez considérable. — Elle a donné naissance à de nombreuses chutes utilisées pour des usines, en majeure partie des moulins à farine et des forges.

L'agriculture du Cher réclame avec raison un règlement général des chutes de ces usines, le curage et l'élargissement des cours d'eau.

Le dessèchement des étangs, très-nombreux et très-importants dans le Cher, l'assainissement général des forêts, des landes, des terres arables, et le défrichement des bois, ont apporté de profondes modifications au régime des eaux, et imposent pour ce département comme pour tant d'autres, des travaux qui, répondant à ce nouvel état de choses, puissent contenir les eaux dans leurs débordements et les restituer à l'agriculture et à l'industrie, au fur et à mesure de leurs besoins (1).

Le département du Cher a l'exemple et l'expérience des effets de ces grandes retenues. Les deux immenses réservoirs de Valigny et d'Ile-Bardais, créés pour emmagasiner les eaux nécessaires à la navigation du canal de Berry, ont préservé, depuis leur création, les vallées de l'Auron et de la Marmande des inondations répétées qui ruinent tant d'autres vallées fertiles de ce pays.

Le plateau calcaire, en raison de la perméabilité du sous-sol, manque d'eaux courantes ; c'est sur beaucoup de points une entrave sérieuse aux travaux agricoles ; les puits, presque toujours très-profonds et souvent à sec, ne suppléent qu'imparfaitement à cette pénurie.

On ne peut trop préconiser le système de citernes pour réunir les eaux pluviales, appliqué à toute cette contrée du Cher.

---

(1) On lira avec fruit sur cette question, comme sur celle des irrigations, l'excellent mémoire de notre collègue M. Maréchal, ingénieur des ponts et chaussées, chargé du service hydraulique du Cher ; — Ce mémoire lu au Congrès scientifique tenu à Bourges en octobre 1849, a été inséré au Bulletin de la Société. Tome VII, page 445.

Nivellement général. — Un de nos plus laborieux et de nos plus distingués compatriotes, M. P. Bourdaloue, a dressé le nivellement général du département du Cher. — Cette œuvre immense met à la disposition de tous les propriétaires et de tous les agriculteurs, des renseignements précieux pour les assainissements, drainages, irrigations, créations de chutes, détournements de cours d'eau, canalisations, ouvertures de routes agricoles, etc.

La météorologie aura aussi de précieux renseignements à en tirer dans la comparaison des diverses conditions climatériques du pays.

III. — Géologie, Sols, Sous-Sols, Roches.

Il existe la plus intime corrélation entre la nature du sol et celle du sous-sol sur lequel il repose.

Dans la plupart des cas, en effet, la couche superficielle n'a d'autre origine que l'agglomération des détritus de la couche sous-jacente désagrégée, pulvérisée par les agents atmosphériques, et mélangée aux éléments végétaux que le temps y a accumulés.

Cette corrélation implique donc pour l'étude des sols celle du sous-sol et des roches qui sont du domaine de la géologie.

Le savant travail de MM. Boulanger et Bertera sur la géologie du Cher, fournit sur cet intéressant point de vue des études agronomiques de notre pays, des renseignements trop exacts et trop précieux pour que nous ayons besoin d'aborder cette étude dans le cadre étroit où nous voulons enfermer ces notes. — Nous nous bornerons à quelques observations générales, en signalant ce fait remarquable, c'est que le département du Cher offre dans sa constitution géologique presque toute la série des terrains, depuis les formations primordiales jusqu'aux alluvions les plus modernes, et qu'il présente alors dans la constitutiou de son sol arable des variétés correspondantes.

On peut classer les sols du département du Cher comme suit :

1o *Les terrains siliceux* et *graveleux* de la contrée du sud, correspondant aux roches granitiques, aux gneiss, aux micaschistes, aux grès bigarrés et aux marnes irisées des cantons de Châteaumeillant, Saulzais-le-Potier, et partie du Châtelet.

Cette partie du Cber accidentée, à pentes abruptes, donne naissance à de nombreux ruisseaux qui pourraient être facilement utilisés pour les irrigations.

Ces terrains riches en détritus alcalins (soude ou potasse), provenant de la décomposition des roches primitives, sont admirablement constitués pour la culture des grands végétaux. — Le châtaignier est le roi des arbres de cette contrée, et il est à regretter qu'il n'y soit pas encore plus multiplié. — Les autres arbres à fruits y prospèrent également.

Le fond des vallées donne d'excellentes prairies sur lesquelles on élève beaucoup de bêtes à cornes.

Les amendements calcaires commencent à pénétrer dans cette partie du Cher, restée jusqu'à ce jour fort en arrière. Le froment et le trèfle viennent sur plusieurs points remplacer le seigle et le sarrazin.

On rencontre dans le Cher d'autres terrains siliceux, ce sont ceux qui recouvrent, au nord, le plateau argilo-siliceux de la Sologne. — Les géologues ont désigné ces terrains sous le nom de *sables supérieurs des terrains tertiaires.*

Ce sol s'étend depuis la rive droite du Cher, aux environs de Vierzon, jusqu'au pied des collines du Sancerrois, sur les cantons de Vierzon, La Chapelle-d'Angillon, Aubigny et Argent.

Cette couche siliceuse ou argilo-siliceuse repose sur des terrains d'argile compactes, imperméables, qui viennent ajouter à l'infertilité du sol la stagnation de l'humidité. -

Toutefois les végétations arborescentes prospèrent sur ce sol : les belles forêts de *Vierzon*, d'*Allogny*, de *Saint-Palais*, d'*Yvoy* et d'*Aubigny* attestent sa puissance de production pour les grands végétaux et indiquent le but vers lequel on doit tendre dans l'amélioration de la Sologne.

Le pin et le bouleau y donnent promptement des produits importants et procurent une transition avantageuse pour arriver au reboisement par le chêne.

Le châtaignier végète aussi avec force sur tous les points élevés et bien assainis, — plus répandu, il offrirait à la Sologne une richesse certaine et facile.

Nous trouvons encore dans le Cher une grande zône de terrains siliceux sur le faîte qui sépare les vallées de la Loire et de l'Aubois. — Ce faîte est généralement couvert de forêts ; celles de *Grossouvre*, *La Guerche*, *Apremont*.

Enfin les terrains siliceux apparaissent aussi sur les plateaux qui dominent l'Arnon aux environs de *Lignières*, dans les communes de *La Celle-Condé*, *Villecelin*, *Chezal-Benoist*, *Ineuil*, et se confondent sur beaucoup de points avec les sols alumino-siliceux de la même contrée.

La charrue et la chaux ont fait justice de presque toutes les *brandes* (bruyères, ajoncs et genêts) qui couvraient, il y a peu de temps encore, une notable partie du canton de Lignières.

2° *Les terrains argilo-siliceux* caractérisent particulièrement le sommet de la grande chaîne de collines qui traverse le Cher au-dessus de Saint-Amand, et recouvrent la formation des *argiles à chailles* et du *terrain oolithique moyen*.— Les forêts de *Meillant*, de *Thaumiers*, de *Charenton*, la côte de *Morlac* et de *Touchay*, celles de *Chaumont* et de *Villequiers* appartiennent à ces terrains.

3° *Les terrains argilo-calcaires* couvrent généralement les formations de l'étage *oolitique inférieur* dans les cantons de Nérondes et de La Guerche ; — on les rencontre encore recouvrant le *calcaire infra-jurassique* aux environs de *Charen-*

ton, de *St-Amand,* à *St-Aignan*, à *Bessais ;* ils se trouvent aussi dans une grande partie du Sancerrois et aux environs de *Graçay* sur les calcaires et marnes de l'*oolithe supérieure*, enfin dans la vallée de l'Arnon et dans celle de la Marmande, sur l'*oolithe inférieure du Lias*.

Partout ce sol est d'une grande fertilité et ne réclame, pour donner d'abondantes récoltes, que des cultures intelligentes.

4° *Les terrains calcaires* couvrent la grande formation de l'*oolithe moyenne* qui s'étend au centre du département dans les cantons de *Chârost, Levet, Baugy, Dun-le-Roi, Sancergues* et les *Aix*. — On peut classer dans la même catégorie les sols de la formation lacustre, à minerai de fer, qui se trouve superposée, sur un grand nombre de points de cette contrée, à *la formation jurassique moyenne*.

Une particularité remarquable des terrains de cette contrée centrale du Cher, c'est que les sols les plus profonds et les plus fertiles se rencontrent sur le sommet horizontal du plateau.

Ces terres, qui se rapprochent beaucoup de celles de la Beauce, varient dans leur constitution : tantôt l'élément argileux prédomine, et alors elles reçoivent le nom de *Bouloises ;* tantôt c'est le sable siliceux, et dans ce cas on les désigne sous celui de *Varennes*.

Sur toutes les pentes, sur toutes les déclivités, sur toutes les ondulations du sol, la couche arable semble avoir été enlevée par les derniers courants diluviens qui ont sillonné ces plaines ; la roche calcaire mise à nu s'est peu à peu délétée sous l'influence des agents atmosphériques, et a laissé des détritus qui forment une mince couche d'un sol brûlant et d'une perméabilité désespérante. — On désigne en Berry ces terrains sous le nom de *Crias*.

5° Enfin le département du Cher présente dans toutes les vallées qui le traversent, particulièrement dans celles de la Loire, du Cher, de la Marmande, de l'Arnon et de l'Yèvre, *des terrains d'alluvion* d'une haute fertilité.

Nous avons dessiné à grands traits les principales divisions des sols dans le Cher, nous devons ajouter qu'elles n'ont rien d'absolu et de tranché, et qu'il n'est pas rare de trouver dans un espace assez étroit la réunion des diverses variétés de sol.

Cette grande diversité dans la nature des terrains, ces transitions brusques du sol, ont coopéré, il faut le reconnaître, aux faibles progrès de la culture dans ce pays.

En effet, la pratique et l'expérience acquises sur un point, ne sont plus applicables sur un autre, même voisin ; il y a un assolement particulier, un savoir-faire spécial pour chaque ferme.

L'uniformité du sol dans le nord de la France, dans la Beauce, dans la Brie, y a créé une doctrine générale d'agriculture, consacrée par le succès, et qui est un des secrets de la fortune agricole de ces contrées. — L'immense variété des sols dans le Cher, quelquefois dans une exploitation de quelques centaines d'hectares, exige une étude plus attentive, une science plus réelle de l'économie rurale : et si nous avons vu en ce pays péricliter bien des tentatives d'agriculteurs venus de ces pays privilégiés, et dignes d'un meilleur sort, c'est que, le plus souvent, ils ont négligé cette étude, et voulu imposer, d'une manière absolue, à ce sol si divers, un système cultural coordonné pour des conditions agricoles et climatériques tout à fait dissemblables.

Du reste, il faut le dire, bon nombre d'agriculteurs du Cher ont su mettre à profit cette diversité même des sols, les corriger les uns par les autres et multiplier le nombre et la nature de leurs produits.

IV. — Amendements minéraux. — Marne, Chaux, Plâtre, Matériaux de construction. — Argiles, Tourbes, etc. — Minerais de fer. — Industrie.

L'élément calcaire a été répandu avec profusion sur la plus grande partie du département : — à l'exception des terrains primordiaux des cantons du sud et des dépôts d'argiles et sables tertiaires de la Sologne, la pierre calcaire, propre à la fabrication de la *chaux* se trouve presque partout.

Il existe aussi un grand nombre de gisements de *marnes* de diverses natures propres à l'amendement des terres. — On en exploite particulièrement dans la couche supérieure des terrains crétacés du Sancerrois ; et dans la même formation aux environs de Graçay.

On les rencontre encore aux environs du Châtelet et de Lignières, dans les argiles tertiaires.

Il s'en trouve de fort riches dans la formation lacustre des minerais de fer. — On pourrait en exploiter également dans les étages inférieurs du Lias aux environs de St-Amand, de Bannegon, de Charenton.

Le *plâtre* est abondant dans les argiles tertiaires des environs de Meillant et de Thaumiers où il est exploité particulièrement pour l'amendement des terres.

Les *argiles* de diverses qualités ne sont pas moins communes. — Elles sont, sur quelques points du département, principalement aux environs du Châtelet et d'Henrichemont, la source d'une industrie céramique, dont les produits sont destinés aux classes agricoles, et qui n'est pas sans importance.

Les fours à chaux, les tuileries et briqueteries sont très-communs et assez régulièrement répartis sur toute la surface du pays.

Dans le sud du département, les grès bigarrés ; — à *Meillant*, à *La Celle-Bruère*, à *Vallenay*, à *Villiers* près Lignières, la formation de calcaire ootique ; — à *Nérondes*, au *Guétin*, le calcaire infra-liasique ; — à *La Chapelle St-Ursin*, à *St-Florent*, à *Mehun*, le calcaire lacustre ; — à *Apremont*, à *Charly*, à *Trezy*, l'oolithe inférieure ; — à *Bourges* et dans tout le *Sancerrois*, la formation crétacée fournissent des matériaux de construction aussi variés dans leur nature que précieux et abondants.

La pente assez considérable de tous les fonds des vallées

n'a point favorisé le dépôt ou la végétation des plantes qui forment la base de *la tourbe*. — On en rencontre cependant quelques couches dans la vallée de l'*Yèvre*, aux environs de Bourges, et aussi dans le marais de *Contres*, près de Dun-le-Roi.

Elle est sur ces deux points de très médiocre qualité et sans emploi.

Le département du Cher est surtout remarquable, au point de vue minéralogique, par l'abondance et la qualité *des minerais de fer* qu'il recèle et qui y ont donné naissance à la puissante industrie de la fabrication du fer.

Les déclivités, les plis, les anfractuosités de la grande couche du calcaire horizontal ont été remplis, sur une foule de points, et plus particulièrement dans le voisinage des vallées du Cher, de l'Auron, de l'Arnon et de l'Aubois, parallèlement aux cours de ces rivières, de dépôts de terrain tertiaire dans la constitution duquel entre le minerai de fer en grains (hydroxide granuleux), alternant avec des argiles et des marnes, et souvent recouvert par une couche épaisse de calcaire lacustre.

Les nombreux établissements métallurgiques du Cher, de l'Allier, de la Nièvre, de l'Indre et même de Saône-et-Loire, viennent puiser à cette source l'aliment de leurs hauts-fourneaux. — Dans les temps de prospérité de la fabrication du fer, l'exploitation de ces minerais s'est élevée jusqu'à 500,000 tonnes, en laissant dans le pays une valeur créée de plus de 4,000,000 fr. — Les propriétaires du sol ont longtemps trouvé dans le prix payé pour le droit d'extraction de ces minerais, prix qui varie de 1 fr. 50 à 3 fr. par tonne, un large supplément au produit de la terre et un puissant auxiliaire pour les améliorations rurales.

V.—Aspect général du pays.— Forêts, plaines, etc.

En pénétrant au Nord dans le département du Cher par l'ancienne route de Montargis à Clermont, qui, parallèle au méridien, le traverse dans son centre, on a devant soi, et à sa droite, les vastes et tristes plateaux de la Sologne, qui occupent environ 1/8 de sa surface totale.

Les nombreuses plantations de pin maritime, les défrichements de bruyères, les assainissements, les marnages, ont déjà modifié heureusement l'aspect de cette contrée.

A gauche, vers l'Est, s'ouvre bientôt la vallée de la Sauldre, qui pénètre dans la partie verdoyante et fraîche du riant et gracieux Sancerrois;— en poussant toujours à l'Est et avant de franchir la Loire, *le val*, avec sa puissante et riche culture, subissant quelquefois les fureurs du fleuve, mais trouvant aussi dans ses débordements une nouvelle source de fertilité.

Peu à peu s'élèvent les collines boisées que couvrent les forêts *d'Ivoy, de Boucard, de Menetou, de Saint-Palais, d'Allogny,* et qui vont mourir vers le Cher avec la forêt de *Vierzon.*

Au versant Sud de ces collines s'étalent les belles plantations d'arbres fruitiers *de Saint-Martin, de Vignoux* et *de Quantilly,* les vignobles *de Menetou, de Parassy, des Aix* et bientôt ceux *du Sancerrois.*

Puis on descend peu à peu dans la vaste plaine calcaire qui forme le centre du département, à peine coupée par quelques ondulations, et dont l'uniformité n'est détruite que par quelques massifs de forêts jetés de distance en distance.

Si l'on franchit cette zône des plateaux calcaires, on rencontre une nouvelle ligne de collines et de forêts; à l'ouest celles *de Chœurs, de Mareuil, de Châteauneuf* et *d'Habert;* au centre celles *de Bigny, de Meillant, de Charenton* et *de Thaumiers,* et sur la gauche les bois *de Précy, de La Guerche, de Grossouvre* et *d'Apremont.*

Au-delà de cette large bande de forêts on atteint cette contrée couverte et herbageuse, formée de la succession de riches vallées qui, prenant leur naissance dans le département de l'Indre, se poursuivent jusqu'à la Loire, pays pittoresque, fertile et frais, auquel il n'a manqué que des chemins et des propriétaires doués du goût des champs pour rivaliser avec les plus belles contrées de la Normandie et de l'Angleterre.

Si l'on dépasse cette limite pour pénétrer dans les cantons de Saulzais et de Châteaumeillant, on trouve une contrée plus sévère, un sol plus abrupte et plus sauvage. — Suivant l'heureuse expression de M. L. Raynal, c'est le *Highland* du Berry qui commence avec ses ruines féodales, ses rochers, ses ravins, ses torrents et ses grands et majestueux châtaigniers.

Cette course rapide à travers le Cher aura suffi pour faire connaître la grande variété de son sol, la diversité de ses aspects et la multiplicité de ses produits.

VI.— Météorologie.—Climat.—Plantes et cultures qui le caractérisent.

On manque encore dans le département du Cher d'observations météorologiques assez anciennes et assez nombreuses pour asseoir des moyennes d'une certaine exactitude, et poser des conclusions tant soit peu sérieuses.

D'un autre côté, les grandes différences d'altitudes, de latitude, de nature de sol, donnent des résultats assez contradictoires dans les observations faites sur des points divers. — Ainsi, au mois de juin 1856, la station météorologique de La Chapelle-d'Angillon (partie Nord du département, confins de la Sologne, sol argilo-siliceux, altitude 194^m, latitude 47° 26') a pu enregistrer une température maxima de + 44°, et en décembre 1859 une température minima de — 46°, ce qui donnerait un écart de 60° dans la colonne thermométrique, tandis que dans la partie moyenne elle n'atteint jamais des extrêmes aussi éloignés. En général la chaleur ne dépasse guère 36° et le froid s'abaisse rarement au-dessous de — 42°.

On peut regarder + 42° comme la température moyenne.

Le Cher appartient donc à la zône tempérée de la France ; mais il est soumis, comme toute cette contrée centrale, située à peu près à égale distance des rives de l'Océan et de la chaîne des Alpes, à des séries persistantes de sécheresse et d'humidité et aux gelées tardives.

L'altitude moyenne du département étant 460m, le baromètre indique le *variable* entre 0m745 et 0m750.

Les vents qui règnent le plus ordinairement sont ceux de l'Ouest, du Nord-Ouest et du Sud-Ouest ; ils atteignent très rarement la vitesse de l'ouragan.

Voici, d'après les tableaux météorologiques publiés par le *Journal d'Agriculture pratique*, suivant les observations faites à *La Châtre* (Indre), point voisin du Cher, à *Saint-Satur*, près Sancerre, et à *La Chapelle-d'Angillon*, le résumé des températures moyennes, de la quantité d'eau tombée et des vents dominants pendant les six années de 4855 à 4860 inclusivement.

	Température moyenne.	Quantité d'eau tombée.	Vent dominant.
Janvier	4 30	0m434	NE
Février	5 20	0 047	NE
Mars.	7 90	0 062	NO
Avril...........	40 43	0 068	NE
Mai.	43 30	0 400	SO
Juin	48 20	0 080	SO
Juillet...........	24 05	0 075	SO
Août...........	20 30	0 074	NO
Septembre........	45 07	0 086	SO
Octobre	42 04	0 077	SO
Novembre	7 50	0 072	NE
Décembre........	3 68	0 092	N. NO

2

La quantité d'eau tombée annuellement serait donc de 0m 964, c'est-à-dire que pour un mètre carré de toiture horizontale, on peut recueillir 964 litres par an.

Les deux chaines de collines du nord et du sud et les vallées qui sont à leurs pieds, sont les parties du département les plus exposés aux tourmentes atmosphériques ; — la pluie, la neige, la grêle y sont plus fréquentes que sur les autres points. — Ce dernier fléau est presque inconnu dans la partie centrale du département.

Le climat est caractérisé par la culture de la vigne qui donne sur plusieurs points des produits estimés. Dans les années à température moyenne le maïs arrive à maturité dans la plus grande étendue du département. Le noyer prospère et donne des fruits abondants dans toute la partie calcaire. — Le mûrier végète vigoureusement dans tous les terrains de quelque profondeur. — Enfin les ruines du château *de Montrond* (St-Amand) sont le seul point de la France où l'on rencontre une plante d'Orient, *la farsetia clypeata*, apportée, dit-on, par les Croisés.

§ II. DIVISION TERRITORIALE ET ADMINISTRATIVE, POPULATION. — VOIES DE COMMUNICATION, ETC.

I. Superficie totale et division.

L'étendue totale du département est de.   719,934 hectares.

L'opération du cadastre, qui remonte dans le Cher à 1810 et a été terminée en 1836, en donne la subdivision suivante :

Terres labourables....................	379,632 h.	76 c.
Prairies naturelles..................	54,824	99
Bois { aux particuliers et aux communes. 444,369 37 { à l'Etat....... 43,533 63	424,903	»
Landes, patis, bruyères, terrains vagues.	408,444	57
Vignes..............................	42,420	97
Vergers, jardins, chenevières, pépinières.	7,495	»

A reporter 687,421   29

Report......	687,121	29
Etangs, abreuvoirs, canaux, mares. fosses.	4.506	»
Rivières, ruisseaux, cours d'eau.......	6,498	»
Propriétés bâties....................	2,377	»
Routes, chemins, places publiques.....	18,887	»
Cultures et terrains divers...........	244	71
Total........	719,924 h.	» c.

Cette division du sol n'est plus exacte aujourd'hui ; la proportion des terres labourables a augmenté par le défrichement d'une assez grande étendue de bois, de pâtures et de bruyères.

Dans l'état actuel des choses le domaine agricole peut être divisé très-approximativement comme suit, en chiffres ronds.

Terres labourables.	Céréales........ 200,000 h.	
	Prairies artific^{lles}. 70,000	
	Racines........ 10,000	400,000 h.
	Cultures diverses. 6,000	
	Jachères pures	
	ou cultivées... 114,000	

Prairies naturelles (1).....................	58,000
Patureaux, herbages....................	20,000
Landes, patis, bruyères, terrains vagues......	60,000
Bois, en y comprenant les sapinières, créées en Sologne qui ont compensé les défrichements.	125,000
Vignes...............................	15,000
Vergers, jardins, chenevières, pépinières, divers.................................	10,000
Total du sol productif.............	688,000 h.
A reporter.....	688,000 h.

(1) C'est par erreur que dans la Statistique de la France on a porté la surface des prés à 130,530 hectares, et celle des bruyères et pâtures à 15,850 hectares.

Report..... 688,000 h.

Routes, chemins, (1)........... 18,800 h.
Etangs, abreuvoirs, mares (2).... 2,600
Rivières, canaux, ruisseaux..... 6,590 } 31,934 h.
Propriétés bàties 2,500
Divers, cimetières, etc.......... 4,534

Total égal........... 719,934 h.

P. S. — Le dernier recensement du territoire par MM. les contrôleurs des contributions directes nous donne les chiffres suivants qui diffèrent fort peu de ceux que nous avons posés ci-dessus avant d'avoir obtenu ce renseignement.

ARRONDISSE-MENTS.	Terres labourables.	Prés et Pâturages.	Landes, Pâtis, Bruyères.	Bois.	Vignes.	Jardins, Chène-vières.
	HECT.	HECT.	HECT.	HECT.	HECT.	HECT.
Bourges...	146,695	20,573	17,306	35,659	7,055	2,693
Sancerre ..	119,179	17,206	25,559	31,716	2,474	2,297
St-Amand.	143,175	36,534	17,305	48,143	3,435	3,316
TOTAL...	409,049	74,313	60,170	115,518	12,964	8,306

II. — Division administrative. — Population. — Densité.

Le département du Cher est formé, en majeure partie, de la moitié, environ, de l'ancienne province de *Berry*, dont le reste constitue celui de l'Indre, et d'une faible portion des provinces du *Bourbonnais* et du *Nivernais*.

Le CHER, qui prend sa source au *Mont-Odouse*, et qui le traverse du sud au nord-ouest, sur un parcours de cent kilomètres, lui a donné son nom.

(1) Bon nombre de vieux chemins devenus inutiles ont été aliénés et rendus à la culture.
(2) La plus grande partie des étangs du Cher a été desséchée depuis 1830.

Il est divisé en trois arrondissements. — Vingt-neuf cantons et deux cent quatre-vingt-dix communes.

Sa population, d'après Butet, était en 1822, de. 228,409
    Id.   d'après le recensem^t de 1851, de. 306,261
    Id.   d'après le   *id.* (1) de 1856, de. 314,844

La population spécifique moyenne de la France est de 68 habitants par kilomètre carré, celle du département du Cher est de 43^h,76, c'est-à-dire que la population moyenne étant représentée par 1, celle du Cher le serait par 0,643.

Si on divise les 314,844 habitants en population urbaine et rurale, on trouve pour la première 72,588 habitants, pour la seconde 242,256, soit 23,06 p. 0/0, d'habitants des villes, et 76,94 p. 0/0 d'habitants des campagnes.

Cette population, divisée en 71,894 ménages, occupe 64,462 maisons.

Si on la considère quant aux professions, on compte :

Agriculteurs proprement dits................ 218,174 h.
Industries diverses......................... 66,538
Commerce.................................... 10,852
Professions accessoires à l'agriculture et à l'industrie.............................. 126
Professions libérales..................... 4,771
Clergé, couvents........................... 664
Individus sans profession, ou dont la profession n'est pas constatée....................... 13,605

              Total égal................ 314,844 h.

Voici maintenant le détail des professions des 218,174 agriculteurs :

---

(1) Nous pouvons ajouter les résultats du recensement de 1861, — il a donné 323,393 habitants.
C'est une augmentation de 95,384 sur 1822.
        —   de 17,132 sur 1851.
        —   de 8,549 sur 1856.
D'après le dernier recensement de la population, le Cher compterait 44^h,95 par kilomètre carré ou 1 habitant pour 2 hect. 22 ares.

1º Propriétaires habitant leurs terres et faisant valoir par eux-mêmes : hommes, femmes, enfants.......... 9,270

2º Propriétaires habitant leurs terres et faisant valoir avec l'aide d'un régisseur ou d'un maître-valet : hommes, femmes, enfants................. 14,639

3º Régisseurs et maîtres-valets............... 7,983

4º Fermiers à prix d'argent................. 24,279

5º Colons et métayers..................... 43,159

6º Journaliers et ouvriers agricoles........... 116,677

7º Bûcherons et charbonniers.............. 788

8º Divers attachés à l'agriculture............. 1,379

Total égal................... 218,174

Nous donnerons plus loin, dans la statistique des cantons, la répartition de cette population sur la surface du département, avec sa densité pour chacun de ces cantons.

III. — Voies de communication. — Chemins de fer, Routes, Chemins, Canaux.

Le département du Cher est mis en rapport direct avec Paris, Lyon et Marseille, par le chemin de fer du centre qui le traverse du nord-ouest au sud-est sur une longueur de............................... 95 kil.

Le chemin de fer de Bourges à Montluçon, sur le point d'être livré à la circulation, a un développement dans le département, de................ 75 kil.

Total des voies ferrées............ 370 kil.

Le chemin de fer de Montluçon mettra bientôt Bourges et le Cher en communication avec Limoges, Bordeaux, Toulouse, par l'exécution du chemin de fer de Montluçon à la Souterraine. — Enfin la ligne décrétée et concédée de Vierzon à Tours ouvrira une voie directe avec Nantes et tout l'ouest de la France.

Le chemin de fer du Bourbonnais vient ajouter à cette

richesse de voies ferrées ; — sur une longueur de 85 kilomètres, il côtoie le département du Cher dont il n'est séparé que par l'Allier et la Loire ; il offre, par les ponts de Mornay, du Guétin, de Fourchambault, de La Charité, de St-Thibault et de Cosne, un débouché facile à la riche contrée du Val et à celle du Sancerrois.

Le département du Cher est sillonné par 8 routes impériales d'une longueur ensemble de. . . . .   494 kil.

21 Routes départementales, *id*.   622

30 Chemins de grande communication, *id* . . .   624

80 Chemins d'intérêt commun , *id*.   1,298

Ensemble, sans compter les chemins ruraux. .   3,035 kil.

Quant aux chemins ordinaires non classés, le département compte 897 kilomètres à l'état d'entretien, et 1,912 kil. en lacune.

Ces différentes voies de communication donnent :

Par commune, 16 kilomètres 365 mètres.

Par hectare, 6^{m}59.

Par habitant, 15^{m}08.

Ce réseau n'est pas encore entièrement terminé ; il reste environ 30 kilomètres de lacunes dans les chemins de grande communication, et 480 sur ceux d'intérêt commun (1).

Le Cher a eu bien longtemps à souffrir de l'affreux état de toutes ses voies de communication. — D'un autre côté, les routes impériales et quelques-unes des routes départementales, tracées sous l'influence du règne fatal de la ligne droite, et en vue seulement des points extrêmes, comportent des pentes inaccessibles, négligent les populations intermédiaires, et n'ont jamais rendu à l'agriculture et à l'industrie que des services incomplets.

---

(1) Au 1er janvier 1862 il ne restera que 25 kilom. en lacune sur les chemins de grande communication, et 425 kilomètres sur ceux d'intérêt commun ou de moyenne communication

A l'est, parallèlement à la Loire, le département possède sur un parcours de 70 kilomètres le canal latéral à la Loire.

Il est sillonné à l'intérieur par les trois branches du canal de Berry, offrant ensemble un développement de 175 kilomètres ; — en sorte qu'il possède un réseau de voies navigables de 245 kilomètres (1).

Je ne veux pas y comprendre le Cher, malgré sa qualification administrative de rivière navigable et flottable. — En fait, la navigation et même le flottage, n'existent plus guère sur ce cours d'eau, depuis l'ouverture du canal de Berry, qu'à l'état nominal.

Le canal du Berry et le chemin de fer de Bourges à Montluçon, donnent au département du Cher, à des conditions avantageuses, les houilles du riche bassin de Commentry (Allier). — Cette proximité des dépôts carbonifères de l'Allier qui peuvent se répandre sur toute la surface du département et y venir trouver les calcaires, assure à l'agriculture de cette contrée, par l'emploi de la chaux obtenue à bas prix, une prospérité qui commence et qui doit grandir dans une immense proportion.

On exécute en ce moment un canal latéral à la Sauldre destiné à l'assainissement de la Sologne et au transport des marnes.

On étudie un chemin de fer entre Gien et un point du canal du Cher, probablement Montrichard, qui serait aussi destiné à vivifier cette contrée, et, accessoirement à ce chemin de fer, un réseau de routes agricoles qui seraient les veinules d'alimentation de cette grande artère.

Une allocation de fonds vient d'être votée pour commencer ces utiles travaux.

Il est enfin question d'un chemin de fer agricole de Saint-Amand à La Châtre qui traverserait toute la contrée granitique et siliceuse des cantons du sud et leur porterait la chaux et la marne.

_____

(1) Sans compter le *canal de la Sauldre* en cours d'exécution.

ẞ III. — AGRICULTURE PROPREMENT DITE.

I. — Considérations générales. — Division de la propriété. — Grandes, moyennes, petites fermes, manœuvreries. — Petite culture.

Le Berry a échappé en partie à l'orage de 1793 ; la modération de ses habitants, les hautes qualités de quelques-uns des membres de sa noblesse, l'ont préservé des excès déplorables dont tant d'autres provinces ont été le sanglant théâtre. Les biens du clergé sont à peu près les seuls qui aient été vendus nationalement ; les grandes propriétés patrimoniales furent généralement respectées et se sont conservées jusqu'à nos jours sans autre morcellement que celui qu'a pu y apporter le Code civil.

Aussi le département du Cher est resté le pays de la grande propriété. On y compte une terre de seize mille hectares, — plusieurs de cinq à dix mille, et un assez grand nombre dépassant mille hectares.

Cet état de choses a longtemps influé d'une manière fâcheuse sur les progrès agricoles du pays. L'absentéisme du plus grand nombre de ces riches propriétaires, la répugnance de beaucoup d'entre eux à immobiliser une portion quelconque de leur revenu en améliorations utiles, la malheureuse et générale prédisposition à augmenter la surface de leurs possessions sans souci des soins que réclamaient celles qu'ils avaient déjà, ont laissé la plupart des biens ruraux de ce pays dans un état de souffrance et d'abandon qui était la honte et la ruine de leurs possesseurs.

Une heureuse et féconde révolution s'est faite dans cet ordre de choses ; l'exemple du progrès, les plus nobles efforts vers les améliorations agricoles, viennent aujourd'hui des grands propriétaires du sol, dont la plupart ont compris qu'il y avait honneur et profit à appliquer leur intelligence et leurs capitaux à féconder la terre dont la providence les avait si généreusement dotés.

On compte dans le département du Cher 810,000 parcelles et 90,878 propriétaires ; si on calcule la surface du département à 700,000 hectares, défalcation faite des routes, chemins, etc., on aura pour surface moyenne de la parcelle 87 ares, et par chaque propriétaire une étendue du sol de 8 hectares.

Voici, du reste, la division des cotes foncières, elle donnera l'idée la plus exacte de la répartition à ce jour de la propriété dans le département du Cher :

Cotes foncières au-dessous de 5 francs.......		60,322
Id.	de 5 à 10 francs............	10,020
Id.	de 10 à 20 francs..........	8,419
Id.	de 20 à 30 francs..........	3,461
Id.	de 30 à 50 francs..........	2,897
Id.	de 50 à 100 francs.........	2,460
Id.	de 100 à 300 francs........	1,977
Id.	de 300 à 500 francs........	660
Id.	de 500 à 1,000 francs......	482
Id.	au-dessus de 1,000 francs....	174

Les exploitations rurales du Cher constituent environ cinq mille fermes, qu'on nomme en Berry *un domaine.*

Un dixième environ de ces fermes, soit 500, ont une étendue de 150 à 200 hectares. Il en est peu qui dépassent cette surface ; de plus grandes exploitations ne se rencontrent que dans la partie du département comprise dans l'ancienne Sologne et dans la plaine calcaire du centre.

Deux dixièmes des fermes, soit mille environ, ont de 100 à 150 hectares.

Dans le pays couvert et herbageux de l'arrondissement de Saint-Amand, l'étendue des fermes ne dépasse guère 100 hectares. — Le plus grand nombre a de 60 à 100 ; on en rencontre peu d'une étendue inférieure à 40 hectares.

Une autre catégorie d'exploitations rurales fort répandues en Berry est ce qu'on y appelle *locatures* ; et qu'on nomme *borderie* dans l'ouest de la France.

Les locatures sont de petites fermes de 3 à 10 hectares, payant un loyer fixe, à prix d'argent, pour les terres et l'habitation, et possédant un cheptel fourni par le propriétaire, à moitié bénéfices ou pertes avec lui.

Bien souvent ces petites fermes sont la propriété de celui qui les exploite.

Une vingtaine de brebis, quelques chèvres, une ou deux vaches, forment toute la richesse en bétail de ces petits cultivateurs qui ont ordinairement recours aux attelages des grandes fermes pour cultiver celles de leurs terres qu'ils ne peuvent façonner à la main.

Les *chambres* ou *manœuvreries* sont les habitations des ouvriers ruraux disséminés dans les villages.

A chacune de ces habitations sont attachées quelques parcelles de terres généralement cultivées à la main.

Une grande partie de ces manœuvreries sont la propriété de ceux qui les occupent. — Le nombre de ces habitations rurales, construites et possédées par des ouvriers de la campagne, s'accroît considérablement depuis quelques années.

II. — Dispersion des habitations ou réunion en villages. — Bâtiments ruraux. — Morcellement et enchevêtrement des pièces. — Vaine pâture.

Les locatures et les manœuvreries sont assez généralement réunies en villages. — Ces villages ont eux-mêmes peu d'importance et sont assez multipliés.

Les fermes sont le plus souvent isolées et situées au centre de l'exploitation.

Cette disposition des choses est assez constante dans l'arrondissement de Saint-Amand et dans la partie couverte et herbageuse de celui de Sancerre.

Dans l'arrondissement de Bourges et dans la Sologne, la population est un peu plus agglomérée, les villages ont plus d'importance et sont plus clairsemés.

Sur presque tous les points les matériaux de construction sont abondants et d'excellente qualité.

Les constructions récentes sont élevées avec goût et intelligence, et de ce côté les populations rurales ont réalisé depuis quelque temps un véritable progrès.

Quant aux fermes proprement dites, elles laissent, en général, énormément à désirer sous le rapport des bonnes dispositions et de la quantité des bâtiments.

On ne peut trop appeler l'attention des propriétaires sur cette partie importante de l'économie rurale. — Le bétail ne peut prospérer, acquérir la santé et un prompt développement, dans les étables étroites, humides et infectes dans lesquelles on l'entasse.

Dans l'arrondissement de Saint-Amand et partie de celui de Sancerre, dans tous les pays d'herbages et de culture pastorale, les héritages sont généralement entourés de haies vives, chargées d'arbres de haute venue, chênes ou ormes, qui sont périodiquement étêtés et dont l'émondage donne des feuilles sèches pour le bétail, et du bois pour le foyer. — Tout ce pays couvert offre des fermes sans enclaves et bien arrondies.

Dans la plaine calcaire, les champs sont ouverts, et le plus souvent l'alotissement des terres laisse à désirer; — il existe presque partout un morcellement et un enchevêtrement funestes à la culture que des échanges intelligents pourraient seuls faire disparaître.

Ce malheureux état des choses laisse forcément subsister une coutume pernicieuse, la *vaine pâture*, qui, partout, est un obstacle sérieux au progrès agricole.

III. — Modes d'exploitation. — Propriétaires-cultivateurs. — Fermiers. — Métayers. — Baux.

Les fermes du département du Cher sont exploitées :
1o Par leurs propriétaires, cultivant soit par eux-mêmes, soit à l'aide d'un régisseur ou maître valet ;

2o Par des fermiers à prix d'argent ;

3o Par des métayers ou colons partiaires.

Jusqu'à ces derniers temps, le premier système avait peu

d'adhérents ; mais depuis quelques années, quelques grands propriétaires, quelques hommes d'action et de cœur ont pris l'initiative de l'exploitation de leur domaine. — Ce généreux exemple est suivi, et bon nombre de fermes sont aujourd'hui dirigées par leurs propriétaires. — Ils y trouvent un emploi utile de leur temps, une distraction féconde en heureux résultats, l'occasion de faire le bien, et de porter au milieu des campagnes des germes de moralisation et de savoir. — C'est de là que partent le bon exemple, les bonnes pratiques, et finalement le véritable progrès.

Que ceux qui sont entrés dans cette voie salutaire aient le courage d'y persévérer, et ne s'effrayent point des difficultés, des déceptions, des obstacles dont la route est couverte ; elle finira bientôt par s'ouvrir. — La patience et la persévérance sont les premières et les indispensables vertus du cultivateur.

Le département du Cher, situé à une égale distance du Nord de la France, où le fermage à prix d'argent est le seul mode d'exploitation, et du Midi, où le métayage est généralement adopté, présente les deux systèmes à peu près dans une égale proportion.

Ainsi, la moitié environ des fermes, et les plus importantes, sont louées à prix d'argent par baux, dont la durée ne dépasse guère neuf années. Le terme de ces baux est le plus ordinairement la St-Georges (23 avril).

Souvent ces fermiers réunissent entre leurs mains plusieurs domaines qu'ils cultivent avec l'intervention des métayers.

L'autre moitié des exploitations est donnée directement par le propriétaire à des métayers. Ce système prédomine dans l'arrondissement de St-Amand.

Le bail est encore de neuf années avec faculté de résilier de trois en trois ans. — Le terme le plus ordinaire des baux de métayers est la St-Martin (11 novembre).

Suivant les localités, et suivant la fertilité du sol, le métayer rend le tiers ou la moitié des produits : quelquefois il y ajoute une somme en argent, ou bien les contributions sont à sa charge. — Dans quelques cas le fermage est payé par une quantité fixe et déterminée de grain, de fruits, etc.

Le cheptel appartient toujours au propriétaire ; le bénéfice ou la perte se partagent par moitié.

Entre les mains de quelques propriétaires éclairés, laborieux, amis du progrès et intelligemment désintéressés, le métayage a donné en ce pays les résultats les plus satisfaisants. — Disons que dans la plupart des cas il n'en est pas ainsi, et que trop souvent l'apathie, l'avarice et l'avidité, du côté du maître, l'ignorance, la routine et la défiance du côté du colon; rendent cette association aussi peu fructueuse pour l'un que pour l'autre, et toujours funeste à la production et au progrès.

Le fait que nous signalons se produit surtout dans le métayage exercé par des fermiers généraux, indifférents à l'amélioration du sol, et uniquement préoccupés de réaliser un bénéfice aussi gros et aussi prompt que possible.

Le valeur des terres en corps de biens avait fait de grands progrès dans le Cher jusqu'en 1848; la progression a cessé à ce moment, et c'est à peine si les prix de cette époque ont été atteints depuis.

Cet état de choses a son principe dans l'absence de toute industrie et de tout commerce, dotant le pays de capitaux puisés à une source étrangère et plus féconde que l'exploitation du sol; — aussi les propriétés d'une certaine importance ne sont guères acquises dans le Cher que par des capitalistes étrangers à la localité; — ils sont peu nombreux, la concurrence ne se fait pas, et les prix restent avilis.

Les nouvelles voies de communication qui s'ouvrent dans le Cher amèneront certainement une heureuse modification à cette situation.

Contrairement à ce qui a lieu pour la grande propriété, les parcelles, les terres susceptibles de détail, tout ce qui peut être acquis par la petite culture, conserve et gagne chaque jour une énorme plus-value.

On peut diviser les terres réunies en corps de biens en

quatre classes, dont voici, très-approximativement, la valeur vénale actuelle, à l'hectare :

1re classe; terres profondes, à luzerne, saines. 1,000 à 1,200 fr.
2e   id.   —   —   700 à 800
3e   id.   —   —   400 à 500
4e   id.   crias ou terres siliceuses....... 200 à 350

Cette classification et ces prix n'ont rien d'absolu et sont modifiés suivant la localité, la proximité des villes, l'état des chemins, etc. (1).

Les terrains vendus en détail aux environs des bourgs et villages peuvent atteindre jusqu'à 3,000 fr. l'hectare.

Le prix des prés varie de 2 à 5,000 fr. l'hectare, suivant les localités et la qualité des foins.

Les prix bases de fermage sont par hectare :

1re classe................... 36 à 40 fr.
2e   id. .... 25 à 28
3e   id. .... 15 à 18
4e   id. .... 10 à 12

Une ferme de Berry, d'une étendue moyenne de 100 hectares, avec une proportion de prés convenable, peut être affermée de 3,500 à 4,000 fr. dans la partie fertile et herbageuse des arrondissements de St-Amand et Sancerre; — 2,500 fr. à 3,000 fr. sur les points les plus riches de la plaine calcaire ; 1,800 fr. à 2,400 fr. dans les sols médiocres, et 1,000 à 1,500 fr. à l'extrémité sud, dans les cantons de Saulzais et Châteaumeillant, comme au Nord, dans la partie de la Sologne.

Un capital placé en biens-fonds dans le département du Cher peut donner un revenu net de 3 à 4 p. 100 dans l'état

(1) Dans le val de Loire les terres ont atteint le prix de 4,009 fr. l'hectare, et les prés celui de 6,000 fr., même réunis en corps de ferme. Cette zône privilégiée fait exception au reste du pays, tant par la haute fertilité du sol que par la perfection de la culture.

actuel des choses et suivant l'étendue de la propriété et sa situation.

Ce placement s'améliorerait vite sous l'influence des progrès agricoles en voie de réalisation.

V. Aisance, nourriture, salaire. — État intellectuel, dispositions laborieuses. — Entraves.

L'aisance se développe peu à peu parmi les classes agricoles du Cher. — Le sol commence à se diviser, et le nombre des petits propriétaires augmente sensiblement.

On compte aujourd'hui 60,000 cotes foncières de 1 à 20 francs, en dehors des villes, qui représentent exactement la force de la petite propriété.

Toute cette classe de petits propriétaires ruraux est dans une aisance relative.

Les fermiers ne sont pas riches. — La fatale prédisposition de cette classe d'agriculteurs à devenir propriétaires et à immobiliser leurs économies ou leurs bénéfices aussitôt après les avoir réalisés, prive le pays des avantages qu'il retirerait de leurs labeurs et de leurs soins s'ils étaient fécondés par le capital.

Les métayers peuvent être considérés comme la classe la plus pauvre des agriculteurs du Cher. A l'exception de ceux qui ont eu le bonheur de rencontrer un propriétaire qui les éclaire, les aide et les stimule, ils sont apathiques, ignorants, routiniers, travaillent pour vivre au jour le jour, se contentent d'une nourriture grossière et débilitante, et subissent toutes les rigueurs de la misère s'il faut quitter le fonds sur lequel ils ont passé une partie de leur vie sans avoir su réaliser quelques économies pour leur vieillesse.

Les journaliers des campagnes, excepté peut-être ceux de la partie sud du département, où la culture restée pastorale réclame peu de bras, trouvent généralement à s'occuper d'une manière avantageuse dans le travail des fermes, et, quand il vient à manquer, l'exploitation des bois et des minerais vient donner à beaucoup d'entre eux un supplément lucratif.

La population du Cher étant aujourd'hui de 323,393 habitants, on a pour chaque habitant 0,78 têtes de gros bétail.

Comparées à la surface totale du département, ces 254,700 têtes, donnent par hectare 0,35 têtes.

Comparées au sol agricole proprement dit, qui est de 540,000 hectares, elles donnent par hectare très peu moins d'une demi tête.

Nous allons ajouter à ces renseignements statistiques, quelques détails sur l'éducation du bétail dans le Cher et sur ses résultats financiers.

Espèce Bovine. — On peut évaluer à 12 millions de francs environ, le produit brut fourni par le travail, le croît, le lait et le fumier de l'espèce bovine.

Elle donne lieu à deux genres particuliers de spéculation : l'élevage et l'engraissement.

Quant au laitage il est à peu près consommé entièrement sur place, et ne donne lieu qu'à des transactions locales. — Cependant le Cher est en position d'exporter du beurre et du fromage : quelques agriculteurs réussissent dans la fabrication du fromage, façon Brie, et il serait à désirer que cette branche de l'industrie agricole prit une plus grande extension.

L'élevage des bêtes à cornes s'est particulièrement développé dans les cantons du Sud ; il en sort chaque année de grandes quantités de génisses et de taurillons qui, suivant leur couleur, ont des débouchés différents. Les animaux à pelage rouge ou blond se dirigent vers le Gâtinais et la Bourgogne ; ceux qui, plus ou moins bruns, portent les caractères des races Parthenaise et Choletaise, s'écoulent vers le nord du département de l'Indre, dans la Touraine et le Blésois.

La Sologne et le Sancerrois se livrent aussi très activement à l'éducation des bêtes bovines.

L'engraissement des bœufs et des vaches, se pratique dans toutes les fermes des cantons herbagers des arrondisse-

4

ments de Saint-Amand et Sancerre. — Sur presque tous les points il a lieu par un repos préparatoire de l'animal au pacage, et par quelques mois de soins et d'une nourriture abondante à l'étable. Le foin et les farineux sont, dans la plupart des domaines, la base principale de cet engraissement. — Les betteraves dans l'Est; les navets, dans les cantons siliceux de l'Ouest, viennent en aide à cette pouture, mais encore dans une trop faible proportion.

Dans les riches vallées des cantons de *Nérondes*, *La Guerche* et partie de *Sancoins*, connues sous le nom de *Vallées de Germigny*, où la puissance du sol, donne à l'herbage des qualités nutritives toutes particulières; l'engraissement se pratique plus particulièrement par *embouches*, c'est-à-dire par le seul pacage sur des herbages à ce destinés.

Toute cette contrée, à l'exemple de la Nièvre, se livre avec un grand succès à cette spéculation. — Les bœufs et les vaches de l'Auvergne et du Bourbonnais viennent suppléer dans ces prairies à l'insuffisance de nombre de la race indigène, le bœuf Charolais, plus spécialement propre à ce genre d'engraissement.

A l'exception de la ville de Bourges, qui consomme annuellement de 5 à 600 bœufs, la boucherie du département n'est guère alimentée que par des vaches grasses. Tous les bœufs engraissés sont exportés; on peut évaluer à environ 6,000 têtes, les quantités annuellement dirigées sur les abattoirs de Paris et de Lyon.

On peut reprocher avec raison à la plupart des cultivateurs du Cher, la négligence et l'incurie apportées dans le choix du reproducteur. — Le plus souvent c'est le hasard qui préside à l'accouplement de leurs animaux.

Les vaches et les veaux ne reçoivent aucuns soins; pour eux, la nourriture la plus grossière et souvent en quantité insuffisante: presque partout ce sont les martyrs de la ferme.

C'est surtout dans le jeune âge que les veaux sont privés de soins nécessaires et sont le plus maltraités. Les femmes de la ferme, dont le budget personnel n'est entretenu que par la vente de quelques volailles et d'un peu de laitage, ne se font aucun scrupule de priver les malheureux veaux de tout le lait qu'elles peuvent voler aux vaches nourrices ; — le métayer, par apathie ou par amour de la paix, ferme les yeux, et il résulte de cet abus, dans le plus grand nombre de nos domaines, des animaux faibles et chétifs, d'un développement tardif, que la providente nature et des soins ultérieurs, mais onéreux, parviennent seuls à modifier heureusement.

Dans presque tous les domaines soumis au métayage il en est ainsi, et les bœufs de travail sont les seuls animaux qui semblent dignes de soins, d'attentions et d'une nourriture choisie et abondante.

Cette malheureuse pratique, ce funeste préjugé qui fait retirer aux bêtes de rente, pour les prodiguer aux animaux de travail, les meilleurs aliments et les soins de la main, tient à cette cause que nous allons signaler :

Le labour et la production des céréales, élément presque unique de leur alimentation, ont toujours été regardés par les laboureurs de nos pays comme le principal et le plus élevé de leurs labeurs, et l'animal qui creuse avec eux le sillon nourricier, avec lequel s'écoule la plus grande partie de leur vie ; l'animal mâle et fort, a naturellement toutes leurs prédilections.

Les vaches et les jeunes animaux sont le lot des femmes et des enfants, qui sont loin de déverser sur eux l'amour et les soins dont les bœufs sont l'objet de la part des hommes.

Aussi dans la plupart de nos fermes achète-t-on, pour bœufs de tête, des *Limousins*, des *Salers* ou autres, provenant de pays moins riches mais plus soigneux, dans l'impuissance où l'on se croit d'élever des animaux de pareille taille.

C'est bien plus à cette incurie dans la reproduction, à cette absence de soins et d'un allaitement suffisant dans le jeune âge, qu'à des défauts de nature, qu'il faut attribuer la chétive apparence de l'espèce bovine, dans la majeure partie du Cher;

les agriculteurs des vallées de l'Est l'ont bien prouvé dans l'éducation plus judicieuse, plus attentive de la race Charolaise.

Espèce Ovine. — L'espèce ovine donne par son croît, sa laine et son fumier, un produit brut d'environ 5,000,000 fr.

Les toisons pèsent en moyenne 1 k° 250, soit pour 820 têtes un produit en laine de 1,025,000 k°.

Ces laines s'exportent toutes et vont alimenter les fabriques de Châteauroux, de Romorantin, de Reims et de Sédan.

Les moutons donnent lieu en Berry à un énorme trafic. Elevés presque exclusivement sur les maigres plateaux calcaires du centre et sur le sables non moins infertiles de la Sologne, ils passent, dans l'âge adulte, des mains de leurs éducateurs, presque tous petits cultivateurs, dans celles des fermiers plus riches de la plaine qui les gardent jusqu'à l'âge de 3 à 4 ans.

Ils sont alors achetés par les agriculteurs des pays riches en herbages, par ceux du Bourbonnais et de la Nièvre, qui les engraissent et les livrent aux marchés de Paris et de Lyon.

On peut évaluer à 200,000 environ le nombre des moutons gras et maigres exportés annuellement par le Cher.

Les considérations que nous avons développées sur l'éducation du bœuf peuvent s'appliquer à celle du mouton : — Incurie générale dans le choix des béliers, alimentation insuffisante dans le jeune âge, absence complète de soins hygiéniques à l'étable où règnent toujours une température trop élevée et une atmosphère méphitique.

Cependant l'amélioration de l'espèce ovine est très-sensible depuis une vingtaine d'années. — Plus impressionnable dans sa nature que le bœuf, le mouton a reçu plus vite l'influence du progrès général de la culture.

Espèce Porcine. — Le produit brut des porcs peut être évalué de 1 million à 1,200,000 fr., ils donnent lieu comme les moutons à un très grand trafic. — La plus grande partie est exportée à l'âge de 8 à 15 mois, vers les départements de l'Est, qui en font une grande consommation.

Chevaux. — On peut estimer à 13,000,000 environ le produit brut annuel de l'espèce équine, fourni par le travail, la vente des poulains et le fumier; toutefois si l'on déduit de ce chiffre la nourriture et l'amortissement de valeur, il restera au produit net une somme fort réduite. Le Cher, en effet exporte peu de chevaux, et consomme pour son propre service à peu près tous ceux qu'il fait naître.

III. — Exploitation des bois.

Le cadre de cette note ne nous permet pas de donner à l'examen de cette branche importante de l'industrie agricole tous les développements qu'elle mérite.

Les bois jouent un très grand rôle dans l'économie rurale de ce département, non-seulement au point de vue de leur action climatérique et météorologique, mais encore dans la constitution et le revenu de la propriété par les salaires qu'ils offrent en morte saison aux ouvriers de la campagne, par le bien-être que procurent aux classes pauvres l'abondance et le bon marché du combustible. par les industries de toute nature qu'alimentent leurs produits.

Nous avons vu que le Cher possède environ 125,000 hect. de bois ainsi divisés :

Taillis sous futaie aux particuliers.	97.650	h.
Taillis et futaie pleine à l'État.	13.583	
Taillis sous futaie et futaies aux communes.	6.243	
id. aux établissements publics.	1.365	
Bois et semis de pins et de bouleaux en Sologne.	6.159	
Total égal.	125.000	h.

Le produit annuel peut être évalué très-approximativement à 800,000 stères de bois de chauffage de toute nature, destiné aux foyers domestiques, aux forges, aux porcelaineries, tuileries, poteries, etc. et à l'alimentation de Paris, soit en nature, soit converti en charbon.

La valeur nette de ces 800,000 stères est
de. . . . . 2,400,000 fr.
Celle du bois d'ouvrage et de l'écorce
peut-être estimée à. 800,000

Total du produit des bois. . . . . 3,200,000 fr.
La valeur créée par l'exploitation et les
transports est d'environ 1,200,000

Total de la valeur des bois exploités et
conduits à destination. . . . . 4,400,000 fr.

IV. — Culture de la vigne et des arbres fruitiers.

Le cadastre a constaté dans le département du Cher, une
étendue en vignes de 12,421 hectares; pendant son exécution
et depuis qu'il est terminé cette quantité a considérablement
augmenté, et l'on peut en porter le chiffre à 15,000 hectares
sans crainte d'erreur et d'exagération.

La plantation des vignes vient surtout de recevoir une
grande impulsion, par les espérances d'exportation, qu'a
fait naître le nouveau régime douanier de la France.

On peut évaluer à 300,000 hectolitres, la quantité moyenne
de vin produit annuellement par le département, et à 100,000
hectolitres, le chiffre des exportations.

Les vins du Sancerrois sont depuis longtemps en possession
d'une réputation méritée, et prennent une part importante à
l'approvisionnement de Paris.

La Loire et le canal latéral, qui coulent aux pieds de la
ville de Sancerre, ont de tout temps favorisé cette exportation.

La vigne reçoit dans cette région des soins actifs et intelligents, et y constitue une propriété d'un produit avantageux :
l'aisance, et dans certains cas la fortune, ont récompensé les
vignerons du Sancerrois de leur laborieuse prédilection pour
cette culture.

Le village de *Menetou-Salon*, canton de St-Martin, est aussi le centre d'un vignoble important, qui produit des vins blancs, livrés autrefois à l'alambic et qui, depuis l'ouverture du chemin de fer, s'écoulent facilement vers Paris.

La culture de la vigne a fait d'immenses progrès autour de la petite ville de *Châteaumeillant*. On y cultive avec avantage, sur des terrains silicieux, ce plan Lyonnais qui donne des vins passables. La proximité de la Marche, pays sans vignoble, offre à ces vins un débouché facile, assuré, profitable.

Bourges et sa banlieue fournissent aussi des vins en notable quantité et d'une qualité qu'on pourrait rendre infiniment meilleure avec des soins plus éclairés dans la culture et surtout dans la récolte et dans la vinification.

Le plateau calcaire de cet arrondissement de Bourges comporte une énorme étendue de terrains qui seraient particulièrement propres à la culture de la vigne. — Le manque de bras et de capitaux a retardé jusqu'ici cet emploi utile et indiqué d'un sol sans valeur. — On a donné tout près de nous l'exemple d'une plantation économique de la vigne et de sa culture à la charrue. Espérons qu'il sera suivi et que bientôt nous verrons couverts de pampres joyeux ces grands espaces désolés de crias stériles, sur lequel croît seul le triste *Réveil matin*. (*Euphorbia helioscopia*).

Arbres fruitiers. — Quatre communes situées au Nord de Bourges, *St-Martin*, *Quantilly*, *Vignoux* et *St-Palais* produisent une énorme quantité de fruits à pépins et à noyau. Les intelligents et industrieux habitants de cette intéressante contrée, descendant presque sans alliance d'une Colonie Ecossaise implantée par le roi Charles VII, tranchent radicalement par leur activité, leur aptitude au trafic et leur amour de la locomotion, avec le paisible et sédentaire paysan du Berry. — La plus grande partie de leurs champs, transformés en vergers, fournissent des récoltes abondantes et certaines de fruits rustiques, d'une qualité commune, que leurs propriétaires vont vendre eux-mêmes sur tous les marchés de plusieurs départements du Centre.

Cette contrée du Cher s'appelle *la Forêt* et les habitants les *Foraitains*; l'ancien type de leur race s'est à peine effacé, et il est facile encore de les distinguer à leur taille élancée et à leur chevelure moinsfoncée que celle du gaulois-berrichon.

Le canton de Châteaumeillant et partie de ceux de Saulzais et Le Châtelet, sont admirablement propres à la culture du châtaignier. Cet arbre n'y est pas aussi multiplié qu'il le mérite. Les propriétaires de cette contrée, cédant aux suggestions d'un intérêt mal entendu, ont livré, dans ces derniers temps, à la cognée des maîtres de forges, pour les laisser convertir en charbon, les plus beaux arbres de leurs parcs, et c'est à peine s'ils ont remplacé par de nouvelles plantations le vide fait dans la fortune et les ressources du pays.

La grande valeur qu'ont prise tous les produits du sol et les châtaignes en particulier, la facilité des débouchés, la demande active des grands marchés, vont certainement stimuler les propriétaires du Sud, et provoquer la multiplication d'un arbre si précieux et si providentiellement approprié à ce sol rebelle à toute culture.

Plusieurs communes du Sancerrois, et particulièrement celle de Santranges, possèdent aussi de belles plantations de châtaigniers.

Le noyer cultivé dans tous les terrains calcaires, donne des produits importants.

On peut évaluer à 300,000 fr. environ la valeur totale des fruits de toute espèce produits par le Cher.

Les mûriers végètent vigoureusement dans le département; les tentatives d'éducation de vers à soie qui y ont été faites ont été toujours heureuses, et l'on peut espérer que la sériciculture prendra bientôt un rang important parmi les branches de l'industrie agricole de ce pays. (1)

_____

(1) Les observations les plus récentes et les plus judicieuses sur

V. — Culture des plantes commerciales, — Colza. — Chanvre, etc.

Les plantss oléagineuses ont pris jusqu'ici une place fort minime dans la culture du Cher : à peine y occupent-elles annuellement 1000 à 1200 hectares. Leur produit peut être évalué de 250 à 300,000 fr.

La culture du chanvre a plus d'importance; il n'est pas de petit cultivateur ou de journalier qui n'ensemence de cette plante, destinée à l'entretien du linge du ménage, une partie de son terrain, et toutes les maisons de la campagne ont, invariablement, à côté du jardin, une parcelle qu'on appelle la *Chenevière*.

2,000 hectares environ sont consacrés à cette culture qui peut donner en grains et en filasse un produit brut approximatif de 600,000 fr.

Ce produit est presque entièrement absorbé par la consommation locale.

Le Cher ne cultive pas le lin.

Pour compléter la nomenclature de ces cultures, on pourrait y ajouter celle des légumes secs cultivés en grand sur quelques points, principalement dans le canton de *Graçay*, et donnant lieu à des transactions commerciales qui ne sont pas sans importance.

VI. — Production de l'alcool. — Distillerie.

Jusqu'ici le Cher ne compte que trois distilleries; *Laverdine,*

la maladie qui sévit depuis quelques années d'une manière si désastreuse dans les pays d'éducation du vers à soie, semblent devoir faire conclure que le mal a d'autant moins d'intensité que l'altitude du lieu est plus élevée, la température plus basse, le mouvement de l'air plus actif; ces renseignements et les essais heureux tentés dans le Cher doivent engager à y faire de nouvelles tentatives d'éducation, et c'est ici l'occasion de renvoyer au savant mémoire de M. Torchon, tome II, page 197, du bulletin de la Société.

Laurroy, Jarriol. — Une autre est en projet ou même en voie d'installation à *Villiers*, canton de Lignières, et aurait son centre d'exploitation dans l'ancien étang desséché de ce nom. (1)

Ces établissements sont en prospérité. La betterave végète merveilleusement dans le Cher, et sa teneur en sucre est fort élevée. Espérons que les progrès de la culture développeront de plus en plus cette profitable industrie, et que bientôt même la fabrication du sucre prendra rang chez nous. — De récentes découvertes qui doivent réaliser dans la production du sucre de betterave une véritable révolution, qui la rendront accessible à un capital restreint et possible dans les proportions les plus réduites, nous laissent entrevoir, dans un avenir prochain, une immense extension de la culture de la betterave et avec elle tous les progrès qu'elle apporte dans l'état agricole d'un pays.

---

§ V. — COMMERCE. — DÉBOUCHÉS. — FOIRES. — MARCHÉS.

Depuis l'ouverture du chemin de fer du centre, Paris est devenu le principal débouché pour les céréales, les bestiaux, les vins et les charbons de bois du Cher. Dès que la ligne directe de Roanne à Lyon sera ouverte, cette dernière ville donnera plus d'extension à ses rapports avec le Berry, et en tirera un approvisionnement important pour sa boucherie.

Le Cher compte une ville de 26,000 âmes, *Bourges*, son chef-lieu. — Une autre de 8,000, *St-Amand*; — une de 7,000, *Vierzon*, point important, le centre industriel et commercial le plus actif du département. — Deux de 4 à 6,000 âmes *Dun-le-Roi* et *Mehun*. — Six de 3 à 4,000 âmes, *Sancerre, Hen-*

(1) Il faut y ajouter les distilleries moins importantes de La Clouric, à M. Tachard et celle de St-Janvrin, à M. Bourdin.

richemont, Sancoins, La Guerche, Graçay, et *Château-meillant.*

Ces différentes villes et celle de *Montluçon* (Allier) qui est devenue le centre industriel le plus important de cette contrée, sont les principaux points de consommation offerts aux produits agricoles du département.

Le marché aux céréales le plus important est celui du samedi à Bourges. C'est à peu près le seul où se réalisent les transactions ayant pour but l'exportation.

Les autres marchés aux céréales du département ne donnent guère lieu à d'autres transactions qu'à celles que crée la consommation locale. Les principaux sont ceux de Vierzon, Sancoins et Saint-Amand.

Le bétail de toute espèce, nous l'avons déjà dit, est l'objet d'un trafic très-considérable qui a lieu dans de nombreuses foires. Voici la liste des plus importantes, avec quelques indications sur leur spécialité (1).

Arrondissement de Bourges.

BOURGES. — *Les* 3 *et* 20 *mai.* La dernière est une des meilleures foires aux moutons du centre de la France ; on y trouve aussi un grand choix de brebis, de béliers et d'agneaux. — Le 20 *juin*, particulièrement pour les laines. — Le 17 *octobre* (dite de Saint-Ladre). — Le 11 *novembre* (dite de Saint-Martin). Toutes ces foires sont spéciales pour les moutons d'élèves ; mais on y trouve aussi des chevaux, des vaches à lait et des porcs.

VIERZON. — 8 *mars*, foire considérable ; il s'y fait beaucoup d'affaires en céréales et en bestiaux de toute espèce. —

(1) Nous avons apporté le plus grand soin à ne signaler ici que les foires recommandables par le concours des vendeurs et des acheteurs. Nous avons été aidé dans cette recherche par des agriculteurs distingués très au courant du commerce des bestiaux, particulièrement par MM. Auclerc, Cacadier, Poisson, Paultre, Mellot, Regnault, Pellé.

30 *juin* (dite de Saint-Pierre), spéciale pour la vente des laines de Sologne. — 13 *novembre* (dite de Saint-Martin), bestiaux de toute nature; il s'y vend un nombre considérable de dindons.

GRAÇAY. — 1er *lundi de carême ;* — 26 *mars ;* — 2e *jeudi de juillet ;* — 29 *octobre.* — Bonnes foires et forts marchés de céréales. Cette localité fait un grand commerce de haricots, qui attire beaucoup d'étrangers, particulièrement aux foires du commencement de l'année.

MEHUN. — 1er *samedi de carême* (dite des Brandons) : — 1er *mercredi de juillet,* spéciale pour les laines ; — 1er *mercredi d'octobre,* spéciale pour les moutons; — 30 *novembre* (dite de Saint-André), bonne foire pour les bêtes à cornes, les chevaux et les porcs.

NEUVY-SUR-BARANGEON. — Ces foires ont perdu de leur importance depuis une dizaine d'années. Les meilleures sont celles du 6 *mai* et du 16 *août.* — Cette dernière, spéciale pour les moutons et surtout pour les brebis de Sologne. Les brebis grasses se vendent la veille (15 août).

BAUGY. — C'est sur ce point que se vendent les meilleurs et les plus forts chevaux du département. Les foires des 22 *février,* 25 *avril,* 11 et 29 *juin,* sont spéciales pour les chevaux de trait, ce sont les meilleures de la localité. Celle du 29 juin est aussi foire aux laines.

Celles du 21 *septembre* et du 9 *octobre* fournissent de bons poulains et en grande quantité. — On trouve à toutes les foires de Baugy des cuirs de bœufs et de vaches pour la tannerie.

RIANS. — Bonne foire de 2e ordre le 26 *juillet* pour chevaux et poulains : c'est la dernière foire aux laines de la contrée.

LAVERDINE. — 14 *mai*; 22 *septembre.* — Bonnes foires pour toute espèce de bétail. — La dernière est une foire grasse pour les bêtes à cornes et les bêtes à laine.

Arrondissement de Saint-Amand.

SAINT-AMAND. — 1er *lundi de carême;* — 3e *lundi après Pâques;* — 13 *juin;* — 3 *août;* — *le lundi après la Nativité de la Vierge, le 8 septembre* (foire dite des cercles) : — le 1er *lundi après la Saint-Luc* (dite d'Orval).

Toutes ces foires sont importantes pour le commerce du bétail de toute nature. — Les foires d'Orval sont les plus considérables; elles durent huit jours : le lundi est exclusivement consacré à la vente des bestiaux de toute espèce; c'est une des meilleures foires de la contrée; — le mercredi, fort marché pour les céréales et les châtaignes. — Les foires d'Orval sont restées un des plus grands établissements commerciaux légués par le moyen-âge; il s'y fait encore des affaires considérables en bois, en produits agricoles et en denrées de consommation locale.

CULAN. — Cette petite localité, située aux confins de la Marche et du Berry, a un grand nombre de foires dont quatre seulement méritent d'être mentionnées : ce sont *les 10 et 25 mai,* spéciales pour les bêtes à laine et les bœufs de trait; — 11 *août,* bœufs de trait et de boucherie; — 15 *juillet* (dite de Saint-Sépulcre) : c'est la plus importante de toutes; il s'y fait un immense trafic de jeunes taureaux, génisses, bouvillons, bœufs de trait et de boucherie, moutons gras. — C'est le rendez-vous des marchands de bétail du Limousin, de la Marche, du Bourbonnais et de la Bourgogne qui tire de cette contrée une grande quantité de jeunes bestiaux.

LIGNIÈRES. — Six foires principales : — *Mercredi avant le carême* (veille du jeudi gras), approvisionnement considérable de bœufs gras; — *lundi après le dimanche des Rameaux* (Lundi-Saint), bœufs de trait et bœufs gras; — 1er *jeudi de mai;* — *jeudi avant la Pentecôte,* spéciales pour les moutons et les bœufs gras; — 25 *juin,* bœufs de trait et laines; — 6 *août,* moutons gras, bœuf de trait et de boucherie. Grande quantité de volaille.

CHATEAUMEILLANT. — On a trop multiplié les foires dans

cette localité; une seule mérite ici mention : c'est celle du 2 *février* (dite *Foire aux Vieilles*); il s'y fait un commerce important de bœufs de trait et de boucherie.

LE CHATELET. — Bonne foire, le 26 *avril*, pour les bêtes à laine de la variété de Crevant.

CHARENTON. — 19 *août* et 29 *septembre* (dite de Saint-Michel), excellentes foires pour les moutons gras, les bœufs de trait et d'embouche et le jeune bétail.

THAUMIERS. — *Jeudi de la Mi-Carême.* — Bœufs et vaches gras.

DUN-LE-ROI. — *Le lundi avant la Sainte-Croix* (14 septembre). — Bêtes à laine, particulièrement les vassiveaux ; — *le dernier samedi d'octobre,* excellente foire pour les moutons d'hivernure où les cultivateurs de la Nièvre et du Bourbonnais viennent ordinairement s'approvisionner.

RAYMOND. — *Le lundi de Quasimodo,* toute espèce de bétail et principalement les vassiveaux ; — 22 *juillet* (dite de la Madeleine), toute espèce de bestiaux et laines; — 1er *septembre,* bœufs gras, chevaux, juments poulinières, poulains; — *le lundi après les Morts,* (2 novembre), bœufs gras, poulains de deux ans.

BLET. — 16 *juin.* La première foire aux laines ; beaucoup de gros bétail, taurillons, génisses.

CHATEAUNEUF-SUR-CHER. — Foires nombreuses; la meilleure, et la seule à mentionner, est celle du 22 *août,* particulièrement pour les moutons gras.

LA GUERCHE. — *Jeudi-Saint,* pour tout bétail ; — 22 *décembre,* foire grasse, spécialement pour les vaches.

NÉRONDES. — 10 *mai,* foire mélangée ; on y trouve depuis quelque temps un assez grand choix de bêtes à laine.

SANCOINS. — *Jeudi avant la Purification* (2 février), bœufs d'embouche et cochons ; — 1er *avril*; — *Jeudi avant la Pentecôte*; — 5 *juillet,* spéciale pour les jeunes bêtes à cornes; — 5 *octobre,* vaches grasses; 30 *novembre,* vaches grasses et cochons gras. — Les foires de Sancoins acquièrent beaucoup d'importance.

Arrondissement de Sancerre.

SANCERRE. — *Le beau marché (Jeudi de la semaine de la Passion,)* foire en réputation ; on y trouve beaucoup de bons chevaux, juments et poulains, des vaches laitières et des vassiveaux.

PESSÉLIÈRES OU JALOGNES. — 1er *juin ;* excellente foire pour tous les bestiaux et principalement pour les bêtes à laine, béliers et agneaux.

BOULLERET. — 30 *avril* ; — 4 *juin* ; — 15 *septembre ;* bonnes foires pour tous les bestiaux ; on trouve spécialement à celle du 30 avril, de jeunes mulets et des poulains.

JARS. — 24 *mai ;* pour bétail de toute espèce.

SAINT-BOUIZE. — 26 *mai ;* spécialement des bêtes à laine.

AUBIGNY. — 28 *mai ;* — *Samedi, veille du dimanche des Brandons ;* — *Samedi après la Mi-Carême* — et le 10 no-vembre. — Ces foires sont particulièrement recommandables pour les chevaux et poulains. — Celles du 28 mai et 10 novembre sont bien garnies de bêtes ovines de la race solognotte.

ARGENT. — 1er *décembre* (dite de Saint-André) ; bêtes à laine de la race solognotte.

HENRICHEMONT. — 22 *janvier*, spécialement pour les poulains ; — 8 *mai,* toute espèce de bétail et surtout bêtes à laine.

CONCRESSAULT. — 29 *octobre ;* poulains de lait.

SANCERGUES. — 1er *mars ;* — 5 *mai ;* — 2 *novembre ;* bétail de toute espèce. — Celle du 5 mai prend beaucoup d'importance pour les bêtes à laine, moutons de 2 et 3 ans. Ce sont des foires de 2e ordre.

Nous ne quitterons pas ce sujet sans signaler deux foires d'une grande importance pour les transactions en bétail du Cher, encore bien qu'elles soient en dehors des limites du département :

Ce sont celles de LA BERTHENOUX, petit village à peu de distance de Lignières ; elle a lieu le 8 *septembre.* On trouve

beaucoup de jeunes poulains et pouliches de race légère, des
bœufs et moutons gras, et particulièrement une énorme quantité de jeunes bêtes à cornes, — et la foire d'Issoudun (dite
la Septembre), indiquée pour le 12 et qui a lieu le 11 et même
un peu le 10 ; c'est, avec la foire du 20 mai de Bourges, la
plus grande réunion de bêtes à laine des départements du
centre ; on en a compté, dans quelques-unes de ces foires,
jusqu'à 40,000 têtes.

Nous avons négligé à dessein toutes les foires d'une importance secondaire dont la multiplicité nuit au commerce du
bétail, en disséminant les acheteurs, et ruine les paysans en
leur faisant perdre leur temps et leur argent.

---

§ VI. — STATISTIQUE DES CANTONS.

Nous avons pensé que cette étude sommaire sur l'agriculture du Cher tirerait quelqu'intérêt de l'examen des conditions
culturales de chacun des cantons pris isolément, et de quelques renseignements de statistique sur chacun d'eux.

Pour procéder avec méthode, nous commencerons par la
partie septentrionale du département, en suivant les cantons
dans l'ordre de leur juxta-position.

Arrondissement de Sancerre.

1º. Canton d'Argent.

Ce canton occupe la pointe nord du département qui fait
saillie dans le Loir-et-Cher et le Loiret.

Il ne comprend que quatre communes : *Argent, Blancafort, Clémont* et *Brinon.*

Il est exclusivement agricole. Les communes de Clémont,
Argent et Brinon appartiennent, par leur sol, à la grande formation des sables tertiaires et argiles à silex de la Sologne ;
— celle de Blancafort, en partie, aux marnes de la craie ;
elle possède de puissantes marnières, situées à la tête du
canal de la Sauldre, et destinées à être transportées par lui

sur les plateaux siliceux de la Sologne. Ces marnes ont déjà modifié profondément la culture de cette contrée qui est en voie de progrès.

Terres labourables.	15,600 hectares. (1).
Prés naturels.	1,550
Pâtures et pacages	1,500
Bruyères, landes, marécages. .	6,800
Bois, sapinières.	2,850
Etangs, viviers, canaux. . .	300
Jardins et chenevières. . . .	253
Vignes.	7
Total. . . .	28,860 hectares.

Sa population est de 5,108 habitants, soit 18 habitants par kilomètre carré (100 hectares).

15 moulins à blé,

6 briqueteries, une poterie à Argent.

2° CANTON D'AUBIGNY.

Il est situé au sud du précédent. Il compte cinq communes : *Aubigny-Ville, Aubigny-Village, Oison, Sainte-Montaine* et *Ménétréol.*

Tout ce canton appartient encore aux argiles tertiaires et aux sables de la Sologne, à l'exception de la commune d'Oison où l'on rencontre les marnes du terrain crétacé.

La petite ville d'Aubigny. qui compte 2,600 âmes agglomérées, et où se tissent quelques étoffes grossières, exceptée, la population est exclusivement agricole. — La marne commence aussi à faire ressentir son influence bienfaisante, et ces deux cantons, autrefois réduits à la culture du seigle et du sarrazin, commmencent à produire du froment en notable quantité. — On s'y livre avec succès, depuis quelque temps,

(1) En fait de statistique des terrains, nous n'avons pas foi aux unités ; aussi nous avons arrondi tous les chiffres des documents officiels, et les avons parfois modifiés dans le sens de nos renseignements particuliers.

à la culture du ray-grass anglais, particulièrement pour la graine, dont on fait un commerce important.

Voici la composition et l'étendue du sol productif :

Terres labourables.	12,700 hectares.
Prés naturels.	1,000
Pâtures, pacages	950
Bruyères, terrains vagues. . .	4,900
Bois, sapinières.	2,500
Jardins et chenevières. . . .	180
Vignes.	2
Etangs, viviers, canaux. . .	13
Total du sol productif. . . .	22,245 hectares.

La population du canton est de 5,457 habitants, soit 25 habitants par kilomètre carré.

17 moulins à blé; — 2 briqueteries.

3° CANTON DE LA CHAPELLE-D'ANGILLON.

Ce canton est formé de cinq communes : *La Chapelle-d'Angillon*, *Ennordre*, *Méry-ès-Bois*, *Prély-le-Chetif* et *Ivoy-le-Pré*.

Toutes ces communes appartiennent encore, pour leurs plateaux, aux argiles à silex de la Sologne ; mais le sol est plus accidenté, et les vallées plus profondes, mettent à nu, sur leurs flancs, les bancs de marnes de la formation crétacée. Les vallées de la petite Sauldre et du Baranjon offrent de riches marnières qui contribuent à l'amélioration de toute cette contrée.

Ce canton possède, dans la commune de Méry-ès-Bois, la belle ferme de Lauroy, entreprise agricole très-méritante, qui a répandu dans ce pays pauvre les bienfaits d'un travail abondant et largement rétribué, en même temps que l'exemple de la culture la plus perfectionnée.

Le progrès agricole a aussi marché assez activement dans les communes d'Ivoy et de La Chapelle.

L'industrie métallurgique et l'exploitation des bois viennent ici prendre part aux travaux de la population.

Voici l'étendue du canton et la composition de son sol productif :

Terres labourables.	15,500	hectares.
Prés naturels.	1,810	
Pâtureaux et pacages boisés. .	1,680	
Landes, bruyères, terres vagues.	5,800	
Bois, sapinières.	6,400	
Jardins et chenevières. . . .	190	
Vignes.	3	
Etangs, viviers.	60	
Total du sol productif. . . .	31,443	hectares.

La population est de 6,187 habitants ; elle a diminué depuis le dernier recensement de 212 habitants, par suite de la
suppression de la fonderie d'Ivoy. — C'est 20 habitants par
kilomètre carré.

24 moulins à blé ; — 4 tuileries ou briqueteries ; — un
haut-fourneau au bois ; — une forge au bois, à Ivoy ; — une
distillerie, à Lauroy.

CANTON DE VAILLY.

Ce canton, situé à l'est du précédent et limitrophe du Loi-
ret, compte onze communes : *Concressault*, *Dampierre*,
Villegenon, *Barlieu*, *Vailly*, *Sury-ès-Bois*, *Assigny*, *Jars*,
Subligny, *Le Noyer (Boucard)*, *Thou*.

Les premières de ces communes participent encore de la
grande formation des argiles à silex de la Sologne, qui ap-
parait aussi sur le faîte qui divise les eaux de la Salereine
et de la Sauldre, dans les communes de Thou, Jars et Subligny.

Tout le reste du canton appartient à la formation crétacée,
et offre des terres calcaires, argilo-calcaires et calco-ferrugi-
neuses, avec des dépôts de marnes nombreux et abondants.

La contrée appartient plus au Sancerrois, proprement dit,
qu'à la Sologne ; elle est richement arrosée, coupée par de
nombreuses vallées, et très-couverte d'arbres de recrue.

L'irrigation des prairies y est l'objet de soins intelligents.

On y trouve plus de mille hectares de prés arrosés. La production du bétail a suivi ce progrès. On compte dans ce canton 7,600 têtes de bêtes bovines et 2,400 juments, chevaux et poulains.

C'est un pays exclusivement agricole.

Voici l'étendue et la division du sol productif :

Terres labourables.	15,700 hectares.
Prairies naturelles.	2,550
Pâtures et bruyères. . . .	1,780
Bois	2,960
Jardins et chenevières. . .	350
Total du sol productif. . .	23,340 hectares.

La population est de 10,173 habitants, soit 43 habitants par kilomètre carré. Population aisée, active, honnête. — Comme dans tout le Sancerrois, le sang, particulièrement chez les femmes, est d'une remarquable beauté.

30 moulins à eau et 6 tuileries et briqueteries.

5° CANTON DE LÉRÉ.

Ce canton forme la pointe nord-est du département. Il compte sept communes : *Léré, Sury, Belleville, Santrange, Savigny, Sainte-Gemme* et *Boulleret*.

La partie de ce canton baignée par la Loire offre un fond de vallée de terre d'alluvion, nommé le *val de Léré*, qui atteint, sur certains points, une largeur de près de 4 kilomètres, dont la fertilité est proverbiale.

Le reste du pays présente une assez grande variété de terrains. Dans les communes de Savigny, Sainte-Gemme et Santrange, les argiles à silex de la Sologne apparaissent encore avec les grès ferrugineux, et la culture du châtaignier caractérise divers points de cette contrée; mais les vallées pénètrent sur un grand nombre de points jusqu'aux couches du terrain crétacé, et mettent à découvert de nombreuses marnières qui viennent corriger la nature froide, siliceuse ou argileuse des faîtes et des plateaux.

Ce canton a la même physionomie que le précédent, et ce que nous avons dit s'applique à tous les deux.

C'est aussi une contrée exclusivement agricole; la vigne commence à apparaître sur les coteaux qui approchent de la Loire.

Voici son étendue et la division de son sol :

Terres labourables.	9,000 hectares.
Prairies naturelles.	1,120
Pâtures, bruyères.	1,400
Bois.	1,700
Jardins et chenevières. . . .	430
Vignes.	280
Etangs et viviers	12

Total du sol productif. . . 13,942 hectares.

La population est de 8,555 habitants. — C'est 61 habitants par kilomètre carré.

23 moulins à blé ; — 2 briqueteries.

6° CANTON DE SANCERRE.

Au sud du précédent, et comme lui limité à l'est par la Loire et son val.

Ce canton comprend dix-huit communes : *Sens-Beaujeu, Sury-en-Vaux, Crézancy, Veaugues, Feux, Gardefort, Vinon, Bué, Menetou-Ratel, Verdigny, Bannay, Saint-Satur, Sancerre, Ménétréol-sous-Sancerre, Thauvenay, Saint-Bouize* et *Couargues.*

Le terrain de ce canton appartient soit à la formation crétacée, soit à celle des calcaires secondaires ; c'est donc sur tous les points le sol calcaire ou argilo-calcaire qui domine, à très-peu d'exception près, la formation des argiles à silex ne se faisant jour que sur quelques plateaux couverts de bois. On retrouve les fertiles alluvions du val, dans toutes les communes qui touchent la Loire.

Ce qui distingue particulièrement ce canton, c'est la grande extension donnée à la culture de la vigne qui y couvre près de 2,000 hectares de coteaux secs et crayeux qui produisent un vin justement estimé pour la consommation parisienne.

La population est presqu'exclusivement agricole. Il n'y a à excepter que les négociants, les artisans et les fonctionnaires de *Sancerre*, chef-lieu d'arrondissement, ville sans importance et sans industrie propre, et quelques mariniers de Saint-Satur.

Voici l'étendue et la division du sol :

Terres labourables.	17,400 hectares.
Prés naturels.	2,000
Terres vagues, pâtures. . .	1,360
Bois.	5,000
Jardins et chenevières. . .	400
Vignes.	1,890
Total du sol productif. . .	38,050 hectares.

La population est de 21,317 habitants. — C'est 56 habitants par kilomètre carré.

58 moulins à blé; — 12 tuileries ou briqueteries.

7° CANTON DE SANCERGUES.

Ce canton, situé au sud de celui de Sancerre, compte dix-neuf communes : *Herry, La Chapelle-Montlinard, Argenvières, Saint-Léger-le-Petit, Beffes, Marseille-les-Aubigny,* situées dans la vallée de la Loire ; *Sancergues, Saint-Martindes-Champs, Jussy-le-Chaudrier, Précy, Garigny,* dans celle de la Vauvise ; *Groises, Lugny-Champagne, Azy, Étréchy, Marcilly, Sevry, Charantonnay* et *Couy,* sur le plateau du Berry, proprement dit.

Nous retrouvons, pour les premières communes, le val de Loire, aussi riche, et sur quelques points aussi large que dans le canton de Léré, particulièrement dans la commune d'Herry, où il présente de magnifiques cultures.

Le faîte qui sépare les vallées de la Loire et de la Vauvise, formé de terrains siliceux, est généralement couvert de forêts. On rencontre ce même terrain de sables tertiaires sur toutes les sommités à l'ouest de la Vauvise.

Le reste du pays est calcaire, et sur quelques points se montre la formation lacustre, avec minerai de fer. Les terres sont généralement de bonne qualité, et la production des céréales commence à avoir, dans cette zône, plus d'importance que dans le Sancerrois, proprement dit.

Voici la surface de ce canton en terres productives :

Terres labourables.	24,700	hectares.
Prairies naturelles.	2,200	
Pacages, pâtures	1,160	
Terres vagues.	170	
Bois.	7,200	
Jardins et chenevières. . .	360	
Vignes. . . . . . . , .	185	
Etangs, canaux, viviers. . .	125	
Total du sol productif. . .	36,100	hectares.

La population est de 14,931 habitants; soit 42 habitants par kilomètre carré.

36 moulins; — un haut-fourneau au bois, à **Précy**; — une petite forge, à **Marseille-les-Aubigny**; — 6 tuileries et briqueteries.

8º CANTON D'HENRICHEMONT.

Nous remontons au nord-ouest pour trouver le canton d'Henrichemont. Il compte sept communes : *Henrichemont, Achères, La Chapelotte, Humbligny, Montigny, Neuilly-en-Sancerre,* et *Neuvy-deux-Clochers.*

Nous rentrons ici, pour les trois premières communes du moins, dans les argiles à silex de la Sologne. Le sol rude et accidenté de cette contrée est presqu'entièrement couvert de forêts. Les marnes de la craie, qui se montrent dans presque toutes les vallées, viennent aider sur les points cultivés, à combattre un sol froid et argileux. Les quatre dernières communes, situées dans la formation oolithique supérieure, comportent des terres argileuses ou argilo-calcaires très-fortes et d'une culture difficile. Le sol de cette zône est assez tourmenté, et on trouve là le point culminant de la chaîne de collines du Sancerrois.

La marne vient partout donner un puissant auxiliaire contre cette rudesse naturelle du sol. — Comme compensation, on a dans toute cette contrée des prés excellents dont la plus grande partie est irriguée avec soin.

Etendue et division du sol productif :

Terres labourables.	8,950 hectares.
Prairies naturelles.	1,350
Pacages, pâtures	180
Landes, terres vagues. . . .	1,250
Bois.	3,375
Jardins et chenevières. . . .	165
Vignes.	150
Étangs , viviers.	25
Total du sol productif. . .	15,445 hectares.

Population : 8,523 habitants, soit 56 habitants par kilomètre carré.

Le chef-lieu, la petite ville d'Henrichemont, a des aptitudes industrielles assez développées. On y compte 6 tanneries. — Le canton possède 32 poteries ; — 8 tuileries ou briqueteries ; — 26 moulins à blé ou à tan.

Arrondissement de Bourges.

9° Canton des Aix-d'Angillon.

Ce canton est situé au sud de celui d'Henrichemont. Il comprend onze communes : *Morogues, Parassy, Aubinges, Soulangis, Saint-Michel, ; — Les Aix, Saint-Céols, Rians, Brécy, Sainte-Solange*, et *Saint-Germain-du-Puits*.

Les cinq premières de ces communes sont situées au pied des collines qui dessinent la transition du haut plateau siliceux de la Sologne avec la plaine calcaire du Berry. — Elles reposent sur cette zône de terres fortes de l'oolithe supérieure, et en partie aussi sur les terrains crétacés (Morogues et Parassy), qui fournissent les marnes propres à corriger la compacité des gros terrains. — Tout le reste du canton appartient à la formation de l'oolithe moyenne, calcaire horizontal de la plaine centrale.

Ce canton est exclusivement agricole. La vigne a encore une large part sur le versant sud des collines que nous avons mentionnées. — Dans les communes de la plaine, la culture des céréales et l'éducation du mouton sont les seules branches de l'agriculture.

Voici l'étendue et la division agricole de ce canton :

Terres labourables.	16,800 hectares.
Prairies naturelles.	1,450
Pâtureaux, terres vagues. . .	1,000
Bois	3,080
Jardins et chenevières. . . .	190
Vignes.	1,060
Total du sol productif. . .	23,580 hectares.

La population est de 9,251 habitants, soit 40 habitants par kilomètre carré.

28 moulins à blé ; — 8 tuileries ou briqueteries ; — 2 huileries.

10° Canton de Saint-Martin-d'Auxigny.

Ce canton est situé à l'ouest du précédent. C'est comme lui une contrée de transition entre les plaines de la formation jurassique et les coteaux tertiaires dont les ondulations le couvrent et viennent mourir aux portes de Bourges.

Ce canton compte onze communes : *Saint-Palais, Quantilly, Menetou-Salon, Saint-Martin, Vignoux, Saint-Georges, Pigny, Vasselay, Fussy, Saint-Éloi-de-Gy* et *Allogny*.

Cette contrée offre un mélange assez confus des terrains siliceux de Sologne, des marnes de la formation crétacée et des étages supérieurs de l'oolithe. — Terrains généralement profonds, compacts, présentant sur beaucoup de points un diluvium particulièrement propre à la végétation des arbres fruitiers. Aussi la plupart de ces communes offrent-elles l'aspect d'un immense verger d'où s'exportent de très-grandes quantités de fruits.

Pays morcellé, où la petite culture domine. Population intelligente, active, industrieuse au gain. C'est le point du département où le sol a acquis le plus de valeur.

Menetou, Fussy et Vasselay possèdent de riches vignobles, et ces deux dernières communes produisent des vins d'une très-remarquable qualité.

Terres labourables.	12,250 hectares.
Prairies naturelles	1,360
Pâtures et pacages	560
Landes, bruyères, pâtis. . .	2,000
Bois.	2,950
Jardins et chenevières. . . .	220
Vignes.	1,800
Total du sol productif. . .	21,140 hectares.

Population exclusivement agricole : 12,300 habitants, soit, par kilomètre carré, 60 habitants.

17 moulins à blé ; — 8 tuileries ou briqueteries ; — 3 huileries ; — nombreux fours à chaux pour l'agriculture.

11° CANTON DE MEHUN.

Le canton de Mehun est situé au sud-ouest du précédent. Il compte neuf communes : *Allouis, Berry-Bouy, Saint-Laurent, Mehun, Foëcy, Sainte-Thorette, Marmagne, La Chapelle-Saint-Ursin* et *Saint-Doulchard.*

Les trois premières de ces communes sont encore dans la zône de transition des terrains siliceux aux terrains calcaires. On y rencontre encore une grande étendue d'argiles à silex, généralement couverte de forêts. — Le terrain se découvre en approchant de la vallée d'Yèvre, et passe, dans les communes de Berry et de Saint-Doulchard, aux terres fortes de l'oolithe supérieure.

Foëcy, Mehun, Marmagne, Sainte-Thorette et La Chapelle-Saint-Ursin, sont en plein terrain lacustre avec couches puissantes de minerai de fer; sol passant des terres les plus fortes au calcaire marneux le plus aride.

L'industrie s'est fait une large place dans ce canton qui renferme deux grandes fabriques de porcelaines. — Mehun produit quelques étoffes de laine grossières; c'est une localité en progrès, au développement de laquelle le canal et le chemin de fer ont puissamment concouru.

Voici sa surface et la division de son sol productif :

Terres labourables.	. . .	13,500 hectares.
Prés naturels	. . . . .	1,950
Pâtureaux, pacages boisés.		950
Terres vagues, bruyères.	.	1,600
Bois .	. . . . . .	2,180
Jardins et chenevières.	. .	280
Vignes.	. . . . . .	800
Etangs, viviers.	. . . .	72
Total du sol productif.	.	21,272 hectares.

La population est de 12,429 habitants, soit par kilomètre carré 58 habitants.

15 moulins à blé; — une porcelainerie à Foëcy; — une autre à Mehun; — 4 tuileries ou briqueteries.

L'exploitation du minerai de fer donne un grand supplément de main-d'œuvre, et augmente largement le produit territorial.

12° CANTON DE VIERZON.

Ce canton est situé au nord-ouest du précédent. Il compte dix communes : *Nançay, Neuvy-sur-Baranjon, Vouzeron, Vignoux-sur-Baranjon, Vierzon-Ville, Vierzon-Village, Saint-Hilaire, Mery, Thenioux* et *Massay*.

Les quatre premières de ces communes sont en plein terrain de Sologne; sables tertiaires et argiles à silex, que vient heureusement corriger sur quelques points la présence des marnes de la craie, mises à nu dans quelques-unes des vallées d'érosion qui coupent cet immense plateau. — Comme compensation, la vallée du Cher et celle de l'Arnon, s'épanouis-

sant en un large val, offrent dans Mery, Saint-Hilaire et Thenioux, des-alluvions fertiles. — La formation crétacée, avec
ses terres calcaires, plus ou moins compactes, domine dans
Massay, et sur toute la rive gauche du Cher.

La ville de Vierzon et sa banlieue offrent le point du département le plus prédisposé à l'industrie et aux affaires commerciales. Ces dispositions ont influé sur le mouvement agricole qui a pris, dans ces dernières années, une assez grande
activité dans cette contrée, depuis bien longtemps plus accessible aux étrangers que le reste du département, par le pas-
sage de la grande route de Toulouse et, depuis, par le chemin
de fer dont Vierzon est doté depuis seize ans.

Voici l'étendue de ce canton et la division du sol .

Terres labourables	19,800 hectares.
Prés naturels.	2,500
Pâtureaux , pacages boisés . .	1,000
Landes , bruyères, terres vagues.	8,600
Bois sapinières. . . . , . .	3,800
Jardins et chenevières. . . .	630
Vignes	550
Etangs , viviers	150

Total du sol productif. . . 37,030 hectares.

Population : 20,363 habitants, soit par kilomètre carré 54
habitants.

18 moulins à blé; — une grande forge à fer à Vierzon-
Village; — 2 fabriques de porcelaine ; — une grande huile-
rie; — 2 poteries; — 13 tuileries ou briqueteries. — On y
trouve également 2 fabriques d'instruments et machines
d'agriculture.

13°. CANTON DE GRAÇAY.

Le canton de Graçay est situé à l'ouest de celui de Vierzon, dans une pointe qui fait saillie sur les départements de
l'Indre et de Loir-et-Cher. Cette position excentrique a toujours nui à ses rapports avec le reste du département qui
communique difficilement avec lui.

Il compte six communes : *Graçay, Saint-Outrille, Nohant-en-Graçay, Dampierre, Genouilly* et *Saint-Georges*.

Toute cette contrée est exclusivement calcaire. Les premières communes appartiennent plus particulièrement aux terres fortes de l'oolithe supérieure ; les dernières, aux terrains plus légers de la formation crétacée.

Partout abondent les marnes et les pierres à chaux et à bâtir.

Pays de grande culture, fertile, susceptible encore de grandes améliorations ; — population complètement adonnée à l'agriculture. — La culture en grand et le commerce des haricots caractérisent cette contrée.

Le sol productif de ce canton se divise ainsi :

Terres labourables . . . . ,	8,000 hectares.
Prairies naturelles.	1,100
Pacages, pâtures boisées . . .	1,400
Terres vagues. . . , . . .	690
Bois.	900
Jardins et chenevières. . . .	230
Vignes	360
Etangs, viviers	60
Total du sol productif. . .	12,740 hectares.

La population n'a pas progressé depuis 1856 ; elle était de 7,147, elle est aujourd'hui de 7,106 habitants, soit 56 habitants par kilomètre carré.

On y trouve 13 moulins à blé et 6 tuileries ou briqueteries.

14º. Canton de Lury.

Ce canton, situé à l'est du précédent, en se rapprochant du centre, compte neuf communes : *Méreau, Lury, Chery, Lazenay,* dans la vallée de l'Arnon ; *Brinay, Quincy, Preuilly,* dans celle du Cher ; *Cerbois* et *Limeux,* sur le faîte qui divise ces deux vallées.

Les formations géologiques de cette contrée sont assez confuses et assez bouleversées, et les terrains arables sont, comme le sous-sol, assez variables.

Dans les communes de la vallée de l'Arnon, on trouve encore les terres fortes de l'oolithe supérieure, et dans Lazenay et Limeux, les terres calcaires de l'oolithe moyenne.

Le faîte qui sépare les deux vallées est formé de sables argileux de la formation tertiaire, sol forestier par excellence, et généralement couvert d'excellents bois.

En approchant de la vallée du Cher, le terrain lacustre, avec ses silex roses, ses marnes, ses minerais de fer et ses terres variées, se montre presque partout.

Cette contrée, mal percée, située entre deux rivières qui coupent ses communications, a été jusqu'ici privée d'éléments de succès, et sa culture s'en ressent beaucoup.

Elle est exclusivement agricole, et l'exploitation des bois vient seule faire diversion aux travaux des champs.

La vigne est en honneur sur les coteaux qui avoisinent le Cher, et particulièrement à Quincy où elle donne des vins blancs justement renommés.

Terres labourables	9,500 hectares.
Prairies naturelles	1,100
Pâtures boisées, pacages . . .	1,160
Terres vagues.	800
Bois.	3,240
Jardins et vergers.	190
Vignes	550

Total du sol productif. . . 16,540 hectares.

La population est de 6,143 habitants, soit par kilomètre carré 38 habitants.

12 moulins à blé ; — 6 briqueteries.

15º. CANTON DE CHAROST.

Le canton de Chârost est situé au sud du précédent, et comme lui limitrophe de l'Indre. — Il est composé de treize communes : *Chârost, Dame-Sainte, Saint-Ambroix* et *Mareuil,* dans la vallée de l'Arnon ; *Poisieux, Plou, Civray* et *Primelles,* sur le faîte qui sépare les eaux de l'Arnon et du Cher ; *Villeneuve, Saint-Florent* et *Lunery,* dans la vallée du

Cher; *Le Subdray*, et *Morthommiers*, sur le plateau de Bourges.

Toute cette contrée présente un enchevêtrement assez confus de l'oolithe moyenne (calcaire horizontal), et du terrain lacustre, qui domine dans les cinq dernières communes. — Les argiles siliceuses que nous avons signalées comme constituant le terrain du faîte qui sépare le Cher et l'Arnon, reparaissent encore ici pour former le sol des forêts de *Fondmoreau* et de *Castelneau*, et sur quelques autres points culminants.

Nous arrivons dans les terres exclusivement calcaires, variant de profondeur et de tenacité, mais perméables et propres aux prairies artificielles qui viennent suppléer à l'absence des prés naturels.

Les communes de Chârost, Civray, Saint-Florent, et Le Subdray, offrent de belles cultures de plaines; c'est un des points du département où se rencontrent les fermes les plus importantes et les mieux tenues.

Terres labourables	17,500 hectares.
Prés naturels fauchables . . .	730
Pâtures, terres vagues. . . .	700
Bois.	10,200
Jardins et chenevières. . . .	150
Vignes.	450
Total du sol productif. . .	29,730 hectares.

Population : 13,979 habitants, soit par kilomètre carré 49 habitants.

L'exploitation des minerais de fer, très-abondants dans ce canton, et celle des bois, viennent partager le travail de la population.

L'industrie a une place importante dans ce canton qui compte les forges de Mareuil et celles de Rosières, vaste établissement métallurgique que le chemin de fer de Bourges à Montluçon va revivifier.

10 moulins à blé; — 4 tuileries ou briqueteries.

16°. Canton de Levet.

Situé à l'est du précédent, le canton de Levet occupe à peu près le centre du département. — Il comprend quatorze communes : *Lapan, Arçay, Sainte-Lunaise, Saint-Caprais*, sur le versant du Cher ; *Levet, Lissay-Lochy, Senneçay, Trouy, Vorly*, sur le plateau, *Plaimpied-Givaudins, Saint-Just, Annoix*, dans la vallée de l'Auron; *Soye* et *Osmoy*, sur la rive gauche de cette rivière.

L'oolithe moyenne (calcaire horizontal), règne dans tout ce canton et y constitue une plaine uniforme, coupée seulement par la vallée de l'Auron — Le terrain lacustre vient sur plusieurs points, et particulièrement dans les communes de Lapan, Arçay, Sainte-Lunaise et Levet, recouvrir le calcaire horizontal, sans modifier beaucoup le caractère général du sol, qui est exclusivement calcaire, perméable, léger et sec

Les plateaux offrent souvent des terres profondes, qualité de Beauce, et éminemment propres à la culture de la luzerne. Les pentes sont généralement dénudées de terre végétale et n'offrent que de stériles crias.

Les prairies naturelles ont disparu et les prairies artificielles y suppléent. Avant leur vulgarisation, cette contrée présentait l'aspect le plus désolé et la culture la plus déplorable ; grâces à elles, elle est aujourd'hui dans la voie du progrès.

Voici la division du sol productif :

Terres labourables	18,600 hectares.
Prairies naturelles fauchables. .	400
Pacages, pâtures	450
Terres vaines.	350
Bois.	5,580
Jardins et chenevières. . . .	160
Vignes	200

Total du sol productif. . . 25,740 hectares.

Population : 6,967 habitants, soit par kilomètre carré 28 habitants.

Pays de grande culture; population exclusivement agricole, aisée, calme et honnête. —14 moulins à blé ; — 4 huileries.

17° Canton de Baugy.

Ce canton est situé à l'est du précédent. — Il compte seize communes : *Vornay, Jussy, Crosses, Savigny-en-Septaine, Moulins-sur-Yèvre, Nohant-en-Goût, Farges, Villabon, Avord, Baugy, Gron, Villequiers, Chassy, Saligny-le-Vif, Bengy-sur-Craon* et *Laverdine.*

Ce canton appartient presqu'entièrement à la formation de l'oolithe moyenne (calcaire jurassique horizontal). Il n'y a d'exception que pour quelques lambeaux de terrain lacustre dans les communes de Vornay et Crosses, et pour quelques argiles siliceuses sur les mamelons de celle de Gron. — Tout ce terrain est éminemment calcaire, perméable, sec et uniformément horizontal.

Toutefois la transition de l'oolithe moyenne à l'oolithe inférieure a lieu dans les communes de Villequiers, Chassy, Laverdine et Bengy, où apparaissent les terrains argilo-calcaires et les sols profonds, frais et fertiles qui caractérisent l'est du département du Cher.

Les quatre cantons des Aix, Chârost, Levet et Baugy, constituent la grande plaine calcaire du centre, pays de labours, de céréales et de moutons qui prospèrent admirablement sur ce sol toujours exempt d'humidité.

La commune de Laverdine possède un des établissements agricoles les plus remarquables du Cher. — On trouve aussi près de Baugy une colonie agricole pénitentiaire, et une autre dans la commune de Moulins-sur-Yèvre.

Terres labourables	27,500	hectares.
Prairies naturelles fauchables. .	2,500	
Pacages et pâtureaux	1,770	
Terres vaines.	400	
Bois.	3,600	
Jardins, chenevières. . . .	380	
Vignes	90	
Total du sol productif. . .	36,220	hectares.

Population : 12,257, soit par kilomètre carré 33 habitants.

Pays exclusivement agricole.

23 Moulins à eau; — 7 tuileries ou briqueteries; — une distillerie et une sucrerie à Laverdine.

18°. Canton de Bourges.

Ce canton ne se compose que de la commune de Bourges, assise assez exactement au centre du département.

Au point de vue purement agricole, cette commune n'est remarquable que par les cultures maraîchères, exécutées dans sa banlieue sur des terrains tourbeux, autrefois submergés, et maintenant divisés par une multitude de canaux dont les terres ont servi à exhausser les parties en culture. — L'eau tenue dans ces canaux à un niveau constant, offre des moyens faciles d'arrosage, en même temps qu'elle entretient, par l'infiltration, une humidité favorable aux plantes qui se succèdent sans interruption sur ce sol, dont la culture est l'objet des soins les plus intelligents.

La banlieue de Bourges possède aussi de beaux vignobles susceptibles de donner des vins d'une qualité appréciable, si la culture de la vigne, le choix des plants et surtout la vinification étaient mieux entendus.

Enfin, le territoire de Bourges offre quelques fermes bien cultivées, qui doivent à la facilité du débouché de leurs produits et à l'abondance des engrais qu'une ville de cette importance met à leur disposition, des succès incontestés.

Mais ce n'est pas à ce seul point de vue qu'il faut considérer la ville de Bourges dans ses rapports avec le sujet qui nous occupe. — Comme tous les grands centres de consommation, elle doit avoir une influence marquée sur l'agriculture de la contrée qui l'environne.

Bourges, avec sa banlieue et sa garnison, compte 28,000 habitants. — Jusqu'à ces derniers temps elle était sans industrie et sans commerce. Un grand établissement métallurgique, fondé à sa porte, est venu apporter à sa population un élé-

ment de travail et de bien-être qui lui manquait complètement.

Cette source de richesse et de consommation de produits
agricoles doit être très-prochainement augmentée, dans une
énorme proportion, par la concentration à Bourges des établissements militaires destinés à la construction du matériel
de l'artillerie de terre et d'une grande école de pyrotechnie.

Tous les produits de la culture du Cher trouveront dans
la population militaire et ouvrière que nécessiteront ces établissements, des débouchés plus considérables que ceux offerts jusqu'à ce jour par la population semi-agricole, semi-
artisane de la ville de Bourges.

Siége d'une Cour impériale, d'une division militaire et d'un
archevêché, ville de magistrature, de garnison et d'institutions
religieuses, livrée à d'autres préoccupations, Bourges n'a eu jusqu'ici qu'une influence morale assez faible sur le développement
agricole du pays. — Sa bourgeoisie, éloignée par caractère
et par de vieux préjugés, de tout travail et de toute industrie,
et n'ayant d'autre source de fortune que l'épargne, n'a pu
porter dans les améliorations agricoles des gains provenant
d'opérations étrangères au sol sur le produit duquel elle a
vécu sans rien lui rendre ; elle est du reste plus prédisposée
à étendre ses domaines qu'à mettre ceux qu'elle possède à la
hauteur du progrès accompli sur d'autres points.

Cette indifférence générale a depuis quelque temps une heureuse compensation dans l'habitude, qui se propage de plus
en plus parmi les classes aisées de la ville de Bourges,
d'aller habiter la campagne pendant une grande partie de la
belle saison. Si la plupart de ceux qui désertent la ville prend
encore un médiocre intérêt aux travaux des champs, et ne fait
en cela que souscrire à une exigence de bon ton, il en est
d'autres qui, guidés par un esprit attentif et studieux, par l'intelligence de leurs intérêts et par le besoin d'une sérieuse oc-
cupation, prennent goût à la terre, et viennent grossir l'armée
des propagateurs du progrès.

Bourges manque encore d'une Banque de crédit où l'Agri-

culteur pourrait puiser les ressources, en capitaux, qui lui
font généralement défaut.

La commune de Bourges compte dans son territoire :

Terres labourables	4,000 hectares.
Prairies naturelles	540
Terrains vagues, pâtures. . .	90
Jardins et chenevières. . . .	320
Vignes	1,450
Bois..	15
Total du sol productif. . .	6,415 hectares.

La population étant de 28,064 habitants, c'est par kilomètre carré 434 habitants.

La commune de Bourges compte 12 moulins à blé constituant tous des usines importantes et faisant un grand commerce de farines; — 4 tuileries ou briqueteries bien installées;
— 4 hauts-fourneaux pour la fabrication de la fonte de fer;
— une fonderie, avec ateliers d'ajustage, pour la construction
du matériel des chemins de fer; — tréfilerie et pointerie;
— une fabrique de toiles vernies; — quelques tanneries — et
plusieurs ateliers de mécaniciens dont quelques-uns fabriquent
des instruments d'agriculture.

Arrondissement de Saint-Amand.

19°. CANTON DE NÉRONDES.

En suivant l'ordre de classification que nous avons adopté,
nous passerons du canton de Baugy dans celui de Nérondes,
situé immédiatement à l'est.

Ce canton compte treize communes : *Saint-Hilaire-de-
Gondilly, Menetou-Couture, Mornay-Berry, Nérondes, Fla-
vigny, Tendron, Ignol, Croisy, Ourouer-les-Bourdelins,
Charly, Blet, Lugny-Bourbonnais* et *Cornusse.*

C'est la formation de l'oolithe inférieure qui domine dans
toute cette contrée. Sur les points culminants, on trouve les

argiles secondaires, avec fragments de meulière (argiles à
chails), qui constituent un terrain forestier de première qualité; enfin, à l'est, dans la commune de Menetou-Couture,
reparait la formation lacustre avec de puissants dépôts de
minerai de fer.

Le sol est généralement argilo-calcaire, légèrement on-
dulé, frais et fertile. La culture des racines y a pris un grand
développement; c'est une zône de transition entre la culture
à céréales de la plaine et la culture pastorale des vallées de
Germigny, dans lesquelles nous allons entrer.

Terres labourables	15,200 hectares.
Prés naturels	3,500
Pâturages, pacages boisés. . .	600
Pâtures, terres vagues. . . .	800
Bois.	3,500
Jardins et chenevières. . . .	280
Étangs et viviers.	200
Vignes	12
Total du sol productif. . .	24,092 hectares.

La population est de 12,733; c'est par kilomètre carré
53 habitants.

On compte dans ce canton 4,600 bêtes à cornes et 1,500
chevaux, juments et poulains.

Population aisée et exclusivement agricole.

15 moulins à blé; — 7 tuileries ou briqueteries.

20º CANTON DE LA GUERCHE.

Il est situé à l'est du précédent et se prolonge jusqu'à la
la Loire. — Il compte neuf communes; *Saint-Germain-sur-
l'Aubois, Cours-les-Barres, Cuffy* et *Apremont,* dans la vallée
de la Loire et sur ses versants; *Patinges, Le Chautay, La
Guerche, La Chapelle-Hugon,* dans la vallée de l'Aubois, et
Germigny, un peu en dehors de cette vallée.

A l'extrémité est, le val de Loire et ses fertiles alluvions;

le faîte qui sépare les eaux de la Loire de celles de l'Aubois est formé des argiles tertiaires à silex. Il est généralement couvert de forêts. Cette formation vient jusqu'à l'Aubois ; à gauche de cette rivière, un mélange assez confus de terrain lacustre avec minerai de fer, sur le Chautay et la Guerche, puis l'oolithe inférieure et le lias qui apparaît dans Germigny.

Les terres de la rive droite de l'Aubois, graveleuses et imperméables, sont d'une culture ingrate ; — celles de la rive gauche, mamelonnées, compactes, argileuses ou argilo-calcaires, avec des pentes légères qui permettent l'assainissement en maintenant la fraîcheur, constituent cet enchevêtrement de vallons qu'on désigne sous le nom des *Vallées de Germigny*, et offrent ces belles prairies d'embouche où s'engraisse un nombreux bétail.

La culture semi-pastorale de toute cette contrée est en grand progrès. Il reste encore à réaliser des améliorations que le mauvais état des chemins a longtemps ajournées, et qui ne peuvent manquer d'être obtenues avec l'achèvement du réseau de nos voies de communication.

Terres labourables	9,000 hectares.
Prés naturels fauchables . . .	2,800
Pâtures, prés d'embouche. . .	1,700
Terres vagues.	250
Bois.	8,000
Vignes	50
Etangs et viviers.	100
Total du sol productif. . .	21,900 hectares.

La population est de 12,992 habitants, soit 59 par kilomètre carré.

Ce canton a une grande importance industrielle. Il compte 7 hauts-fourneaux ; — un grand établissement de fonderie à Torteron ; — 15 moulins à blé ; — 10 tuileries ou briqueteries ; — une distillerie.

24°. CANTON DE SANCOINS.

Situé au sud du précédent, ce canton occupe la pointe sud-est du département, limitée par l'Allier. Il comprend neuf communes : *Neuvy-le-Barrois* et *Mornay-sur-Allier*, sur les versants de l'Allier; *Sancoins, Augy, Saint-Aignan* et *Veraux*, dans le bassin de l'Aubois; *Givardon*, *Sagonne* et *Neuilly-en-Dun*, dans celui de l'Auron.

La grande formation des argiles à silex et sables tertiaires, que nous avons rencontrée sur le faîte de la rive gauche de la Loire, se poursuit dans ce canton, occupe tout l'espace qui sépare l'Allier de l'Aubois et franchit même sur quelques points cette rivière.

On combat vigoureusement par la chaux les mauvaises dispositions agricoles de ce terrain.

Dans le reste du canton, ce sont des bandes successives des divers étages du lias, de l'oolithe inférieure et, sur quelques points, des marnes irisées ; terrains généralement forts, argileux ou argilo-calcaires, mais ondulés et d'un assainissement facile.

Traversé par le canal de Berry qui met à sa disposition les houilles et les anthracites du bassin de Montluçon, le canton de Sancoins a depuis longtemps déjà songé à la fabrication de la chaux d'agriculture et trouvé dans son emploi un remède salutaire à l'infériorité de certaines parties de son sol.

Terres labourables	12,500	hectares.
Prés naturels.	2,200	
Pâtures, pacages boisés. . .	3,360	
Terres vagues.	1,700	
Bois.	4,300	
Jardins et chenevières. . .	250	
Etangs, viviers	580	
Vignes	180	
Total du sol productif. . .	25,700	hectares.

Population : 9,796 habitants, soit 39 par kilomètre carré.

La ville de Sancoins est commerçante ; c'est une des localités du Cher le plus en progrès.

On compte dans ce canton un haut-fourneau et une forge au bois, à Grossouvre ; — 19 moulins, — et 6 briqueteries ou tuileries.

22°. CANTON DE DUN-LE-ROI.

Ce canton est situé au nord-ouest du précédent. Il comprend douze communes : *Lantan, Bussy, Osmery, Raymond, Cogny, Verneuil, Chalivoy-Milon, Parnay, Contres, Saint-Germain-des-Bois, Saint-Denis-de-Palin* et *Dun-le-Roi.*

A l'exception des communes de Lantan et de Chalivoy où l'on retrouve les terres fortes de l'oolithe inférieure, et de celles de Verneuil et de Cogny qui présentent les argiles à chails, tout le reste du canton appartient à la formation du calcaire horizontal, (oolithe moyenne), recouverte, sur plusieurs points du terrain lacustre, avec de riches couches de minerai de fer.

Nous rentrons dans les terrains perméables et calcaires qui caractérisent le centre du département.

Le canton de Dun-le-Roi a devancé le reste du pays dans les améliorations agricoles. Il a le premier donné le signal de la culture des prairies artificielles, des racines et de l'amélioration des troupeaux. — Nous ne le traverserons pas sans saluer respectueusement la tombe des Busson de Villeneuve, des Cadet-Devaux et des Lamerville, patriarches éclairés de notre agriculture du centre, qui ont illustré ce canton par leurs travaux et leur dévouement à la cause du progrès.

Cette impulsion et ces exemples n'ont point été perdus et cette contrée tient encore la tête de la culture du département.

Terres labourables	16,000 hectares.
Prairies naturelles	1,350
Pacages boisés, pâturages. . .	480
Terres vagues.	2,000
Bois.	4,900
Jardins et chenevières	150
Vignes	90
Total du sol productif. . .	24,970 hectares.

Population : 11,429 habitants, soit 46 par kilomètre carré.

Population exclusivement agricole; l'exploitation des minerais et des bois vient seule faire diversion aux travaux des champs.

11 moulins à blé, — et 2 tuileries et briqueteries.

23°. CANTON DE CHATEAUNEUF-SUR-CHER.

Ce canton, situé à l'ouest du précédent, compte douze communes : *Uzay-le-Venon, Saint-Loup, Chavannes* et *Serruelles*, sur le plateau de la rive droite du Cher; *Corquoy, Châteauneuf, Venesme, Crézançay, Vallenay,* et *Allichamps,* dans la vallée; *Saint-Symphorien,* et *Chambon,* dans les vallons de la rive gauche.

Toute la partie de ce canton, située sur la rive droite du Cher, appartient au terrain lacustre, avec des alternances de terrains forts à sous-sol marneux, de terres arénacées, avec silex roses et d'argiles métallifères.

La rive gauche du Cher offre une contrée plus ondulée, plus variée dans sa nature ; mélange assez confus des terrains tertiaires et de la formation oolithique moyenne.

C'est surtout dans ce canton que l'immense variété des sols, sur un espace très-restreint, oppose de véritables difficultés à l'adoption d'assolements réguliers et uniformes.

Si on en excepte quelques fermes remarquables et entrées vigoureusement dans le progrès, le reste du canton, abandonné au métayage, ne brille pas par sa culture Il faut dire que le mauvais état des chemins a longtemps arrêté, dans cette contrée, toute pensée d'amélioration.

Terres labourables . . . . . 17,800 hectares.
Prairies naturelles fauchables. . 1,000
Pacages, pâtures boisées . . . 300
Terres vagues. 600
Bois. 6,400
Jardins et chenevières. . . . 170
Vignes 400

Total du terrain productif. . . 26,850 hectares.

Population : 9,786 habitants, soit 36 par kilomètre carré.

Un haut-fourneau et une forge à Bigny; — tréfilerie et pointerie à Châteauneuf;— 13 moulins à blé ; — 6 tuileries; — une tannerie ; — 4 huileries; — une distillerie à Jariol, commune d'Uzay-le-Venon.

24º Canton de Lignières.

Le canton de Lignières, situé au sud-ouest de celui de Châteauneuf, comprend neuf communes : *Saint-Baudel, Villecelin, La Celle-Condé, Lignières, Saint-Hilaire* et *Touchay* dans la vallée de l'Arnon; *Ineuil* sur la rive droite, et *Chezal-Benoît* sur la rive gauche de cette rivière.

Ce canton présente sur la rive droite de l'Arnon à peu près les mêmes caractères géologiques que celui de Châteauneuf; c'est un mélange de l'oolithe moyenne, de l'oolithe inférieure et sur quelques points de terrains tertiaires; — sol plus ou moins calcaire, passant à l'argilo-calcaire très-fort dans quelques parties.

Toute la rive gauche de l'Arnon, et sur la rive droite la zône qui se présente au sud de l'ancien étang de Villiers, nous ramènent aux argile stertiaires plus ou moins mélangés de silex. —Toutefois cette couche est peu profonde et laisse sur beaucoup de points affleurer les marnes de la formation oolithique moyenne; dans Saint-Hilaire et Touchay les argiles secondaíres, avec fragments de meulière, reparaissent sur une assez grande étendue.

Les défectuosités de ces sols argilo-siliceux et souvent alumino-siliceux, peuvent être efficacement combattues par la marne et la chaux dont la contrée abonde.

La culture de ce canton est arriérée et presque exclusivement confiée à un métayage sans direction progressive; elle a été du reste, comme celle du canton précédent, fort entravée par le mauvais état des chemins.

Terres labourables.	15,000 hectares.
Prés naturels.	2,600
Terres vagues, pâtures. . .	1,000
Bois.	4,500
Jardins et chenevières. . .	280
Vignes.	330
Etangs, canaux, viviers. .	70
Total du sol productif. . .	23,780 hectares.

Population : 9,289 habitants, soit 39 par kilomètre carré.

10 moulins à blé, 4 tuileries ou briqueteries. — Un haut-fourneau et une forge au bois à Forge-Neuve.

25° CANTON DU CHATELET.

Le canton du Châtelet est situé au sud de celui de Lignières ; il comprend sept communes : *Ids-Saint-Roch*, *Morlac*, *Rezay*, *Maisonnais-Montgenoux*, *Saint-Pierre-les-Bois*, *Le Châtelet* et *Ardenais*.

Toute la partie centrale de ce canton est couverte par la formation des argiles et sables tertiaires, sol plus ou moins siliceux, plus ou moins arénacé, plus ou moins argileux ; — une large bande de l'oolithe inférieure s'étend depuis Ardenais jusqu'à Ids-St-Roch, parallèlement à l'Arnon ; cette même formation apparaît sur le territoire de Rezay et sur divers points des environs du Châtelet et de Saint-Pierre-les-Bois. — Elle donne partout des marnes d'excellente qualité, énergiquement utilisées pour modifier les mauvaises dispositions du sol des plateaux.

La vallée de l'Arnon, dans ce canton comme dans celui de Lignières, offre d'excellentes prairies, et sur sa rive droite des coteaux argilo-calcaires d'une grande fertilité.

L'emploi de la marne opère dans le canton du Châtelet, naguère un des plus pauvres du Cher, une transformation complète; le progrès agricole s'y poursuit avec zèle et marche rapidement.

Terres labourables.	11,000 hectares.
Prés naturels.	2,600
Pâtures, pacages	500
Bruyères, terrains vagues. . .	600
Bois	1,050
Jardins et chenevières. . . .	220
Vignes.	200
Etangs, viviers, canaux. . .	70
Total du sol productif. . . .	16,240 hectares.

Population : 6,859 habitants, soit 43 par kilomètre carré. 43 moulins à blé; — 4 briqueteries, — poteries nombreuses.

26° Canton de Chateaumeillant.

Le canton de Châteaumeillant, situé au sud du précédent, occupe cette pointe extrême du Cher qui s'aventure jusqu'à la Creuse, entre l'Indre et l'Allier. Cette situation excentrique, avec des communications difficiles, a laissé ce canton dans l'isolement et a entravé ses relations et ses progrès.

Il compte onze communes : *Saint-Priest*, *Préveranges*, *Saint-Saturnin* et *Sidiailles*, à l'extrémité sud du canton; *Châteaumeillant*, *Culan*, *Saint-Christophe*, *Reigny*, *Saint-Maur*, *Saint-Janvrin* et *Beddes*.

Les calcaires du lias et de l'oolithe inférieure se montrent encore dans les communes de Saint-Janvrin et de Beddes et y fournissent de puissants dépôts de marne; mais ce sont les dernières traces des formations calcaires : la partie moyenne du canton appartient aux grès bigarrés et marnes irisées (argiles du terrain triasique), et on passe immédiatement au terrain primitif (les schistes micacés), qui couvre la plus grande partie de cette contrée.

Le sol est rude, passant des argiles compactes aux arènes les plus sèches, souvent très-accidenté mais admirablement propre à la végétation arborescente qu'on y a trop négligée.— Tout ce pays retrouverait la fraîcheur et l'abri pour ses vallées si ses plateaux siliceux et rebelles à la charrue se couvraient de semis de pins, de chênes, de châtaigniers et de bouleaux.

L'éducation du bétail et la culture du châtaignier sont les deux branches les plus prospères de l'agriculture de ce canton.

La chaux produit d'admirables effets sur tous les terrains argilo-schisteux, mais les frais de transport la rendent inapplicable dans la plupart des localités.

La culture de la vigne fait de grands progrès dans la banlieue de Châteaumeillant.

Terres labourables	17,700 hectares.
Prés naturels, (1,200 h. irrigués).	2,700
Pâtures boisées, pacages . . .	250
Terres vagues, landes, bruyères.	2,300
Bois.	2,200
Jardins, chenevières, vergers. .	1,080
Etangs et viviers.	90
Vignes.	1,200
Total du sol productif. . .	27,520 hectares.

Population : 11,003 habitants, soit 40 par kilom. carré.

25 moulins à blé ;—5 tuileries ou briqueteries ; — 1 faïencerie.

27° Canton de Saulzais-le-Potier.

Ce canton compte onze communes : *Vesdun, Saint-Vitte,
Epineuil, Saulzais, La Perche, Ainay-le-Vieux, St-Georges-
de Pouzieux, La Cellette, Faverdines, Loye* et *Arcomps.*

Situé à l'ouest du précédent, il participe de sa nature pour
les communes de Vesdun et Saint-Vitte ; — les argiles et sables tertiaires couvrent une grande partie du canton avec la
formation des marnes irisées. Les formations calcaires surgis-
sent sur quelques points de Loye, de Faverdines et d'Arcomps,
et prennent plus d'importance dans Ainay et Saint-Georges,
où l'on rencontre des terrains argilo-calcaires de première
qualité.

C'est en général une contrée siliceuse ou argilo-siliceuse
dont tous les terrains réclament l'intervention des amendements calcaires.

Pays mamelonné, coupé de nombreuses vallées, bien
arrosé, le canton de Saulzais est susceptible d'améliorations
fructueuses ; elles seraient plus certainement réalisées si on
assurait l'humidité des vallées et la permanence des sources
propres aux irrigations par le reboisement des plateaux et
des faîtes.

On peut remarquer que les trois cantons du sud, Le Châtelet, Châteaumeillant et Saulzais, sont ceux dans lesquels la
proportion des bois est la moins forte ; une dépaissance im-
prudente et l'incurie des propriétaires ont amené ce funeste
déboisement sur le sol le plus pauvre du département, et
cependant le plus éminemment forestier, celui sur lequel la
présence des forêts rendrait les plus signalés services.

Terres labourables.	16,500 hectares.
Prairies naturelles.	2,800
Pâturages boisés, pâtures. . .	900
Terrains vagues, landes, bruyère	3,400
A reporter. . . .	23,600 ·

Report.	23,600	hectares.
Bois.	2,200	
Jardins et chenevières. . . .	330	
Vignes.	460	
Etangs et viviers.	40	

Total du sol productif. . . 26,630 hectares.

Population : 7,495 habitants, soit 29 par hectare.
15 moulins à blé et 8 briqueteries ou tuileries.

28° CANTON DE SAINT-AMAND.

Situé au nord du précédent, le canton de Saint-Amand comprend douze communes : *La Groutte*, *Drevant*, *Colombiers*, *Saint-Amand*, *Bouzais*, *Orval*, *La Celle-Bruère*, *Farges* et *Nozières* dans le bassin du Cher ; *Marçais* et *Orcenais* dans les vallées de la rive gauche, et *Meillant* sur le plateau de la rive droite.

Toute la rive gauche du Cher présente un enchevêtrement assez confus des marnes irisées, des argiles et sables tertiaires, des calcaires du lias et de l'étage inférieur de l'oolithe. Le sol est pareillement mélangé de terres siliceuses, calcaires et argilo-calcaires, profondes et fraîches dans Orcenais, Nozières et Marçais.

Le val du Cher et celui de la Marmande offrent des alluvions d'une grande fertilité et admirablement cultivés par les vignerons de Saint-Amand.

La rive droite du Cher, qui se relève brusquement, présente des terrains moins fertiles et caractérisés par le grand dépôt des argiles à chails qui forme le sol des forêts de Meillant.

La culture de ce canton n'est pas aussi perfectionnée que le ferait espérer la présence d'une ville de plus de 8,000 âmes. Imitant un peu en cela celle de Bourges, la bourgeoisie de Saint-Amand s'est montrée jusqu'à ce jour assez indifférente au progrès agricole. — D'excellents exemples et des communications plus faciles amèneront certainement dans ce canton des améliorations longtemps entravées par le déplorable état des chemins dans une contrée argileuse, que les difficultés d'accès ont fait abandonner à l'ignorance et à la routine des métayers.

Terres labourables	7,600 hectares.
Prairies naturelles	2,000
Pâtures et pacages.	1,000
Terres vagues.	800
Bois.	4,100
Jardins et chenevières	200
Vignes	780
Etangs et viviers.	50
Total du sol productif. . .	16,530 hectares.

Population : 14,854 habitants, soit 90 par kilomètre carré.

On compte dans le canton 10 moulins à blé, dont plusieurs ont une grande importance ; — 2 hauts fourneaux à Meillant ; — une grande tannerie à Champanges ; — 4 tuileries ou briqueteries ; — 2 brasseries. — Extraction de plâtre à Meillant.

29° Canton de Charenton.

Il est situé à l'est de celui de St-Amand et compte neuf communes : *Charenton*, *Coust*, *Saint-Pierre-des-Etieux*, *Bessais*, *Vernais*, *Bannegon*, *Chaumont*, *Thaumiers* et *Arpheuilles*.

La Marmande coule au milieu de ce canton et s'y étale dans un riche et large val qu'on nomme la vallée de Saint-Pierre. Ce dépôt d'alluvions profonds se lie à celui du val de Bannegon qu'on trouve à l'extrémité nord du canton, et offre une succession non interrompue d'excellentes prairies.

Sur la rive droite le terrain se relève assez brusquement, offre une bande étroite de calcaire marneux, et passe aux argiles à chails qui forment le plateau couvert par les forêts de Meillant, Charenton et Thaumiers.

La rive gauche est plus ondulée; elle présente au premier plan les calcaires de la formation du lias, pour passer bientôt aux grès et sables siliceux et aux marnes irisées.

Siliceux ou argilo-siliceux sur la rive droite de la Marmande, le sol est calcaire, argilo-calcaire et argileux sur la rive gauche.

Comme dans le canton de Saint-Amand, les difficultés des communications ont fait abandonner toute cette contrée au métayage et les progrès y ont été peu sensibles.

L'intervention de la chaux a depuis quelque temps amené des améliorations appréciables. — Pays frais, bien penté, fertile sur un grand nombre de points, le canton de Charenton est appelé à prendre un rang plus élevé dans la culture du Cher.

Terres labourables.	11,800	hectares.
Prairies naturelles.	3,200	
Pacages, pâtures.	600	
Terres vagues, bruyères, parcours	2,000	
Bois	6,400	
Jardins et chenevières.	190	
Vignes.	220	
Étangs, viviers.	240	
Total du sol productif.	24,650	hectares.

Population : 8,047 habitants, soit 33 par kilomètre carré.

Pays exclusivement agricole, — 18 moulins à blé; — 6 tuileries ou briqueteries; — 1 haut-fourneau à Thaumiers.

§ VI. — INSTITUTIONS AGRICOLES. — SOCIÉTÉ D'AGRICULTURE. — COMICES. — FERME-ÉCOLE. — CONCLUSION.

Le Cher possède une Société d'agriculture fondée en 1818, composée de 40 membres titulaires et d'un nombre illimité de membres correspondants. — Elle publie un bulletin de ses travaux.

Depuis sa création, la Société d'agriculture du Cher a ap-

7

pelé dans son sein les agriculteurs les plus éclairés du pays, et n'a jamais cessé d'être le foyer le plus actif des progrès et des améliorations.

Elle est surtout redevable de sa vitalité et de son action au zèle et aux lumières des présidents qui se sont succédé dans la direction de ses travaux.

Le département compte six circonscriptions comiciales :

1° *Comice de Bourges.* — Qui réunit les cantons de Mehun, Chârost, Levet, les Aix, Baugy, St-Martin-d'Auxigny, la banlieue de Bourges.

2° *Comice de Vierzon.* — Cantons de Vierzon, Lury et Graçay.

3° *Comice d'Aubigny.* — Cantons d'Aubigny, Argent. La Chapelle, Henrichemont, Vailly.

4° *Comice de Sancerre.* — Cantons de Sancerre, Léré, Sancergues.

5° *Comice de La Guerche.* — Cantons de Nérondes, Sancoins, La Guerche.

6° *Comice de St-Amand.* — Cantons de St-Amand, Charenton, Dun-le-Roi, Châteauneuf, Lignières, Le Châtelet, Châteaumeillant et Saulzais-le-Potier.

Toutes ces institutions sont en prospérité : — présidées par des hommes d'action et de cœur, amis sincères et dévoués du progrès, cultivateurs eux-mêmes et payant d'exemple, elles impriment au pays une marche vers les améliorations aussi rapide que le permettent les difficultés et les obstacles que nous avons signalés dans cette notice.

La ferme-école d'*Aubussay* près Vierzon, dirigée avec fermeté dans une voie pratique et sagement progressive, coopère efficacement à la diffusion des lumières agricoles.

A côté des nombreux domaines livrés encore, soit à des fermiers pressés de réaliser, avec des baux trop courts, un bénéfice qu'ils se hâteront de placer en biens fonds, pour devenir de pauvres propriétaires à leur tour, soit à des métayers routiniers et nonchalants, privés d'aide et de direction, trop souvent pressurés par leurs maîtres, le Cher nous offre de distance en distance, comme des fanaux destinés à jeter la lumière sur ces parties plongées encore dans les ténèbres, des exploitations modèles où se trouvent réunies les pratiques de culture les plus savantes, le bétail le plus perfectionné, l'économie agricole la mieux étendue; on y trouve aussi le métayage appliqué avec sagesse et discernement et portant tous les fruits qu'on doit attendre de l'association du capital, de l'intelligence et du travail.

La direction et les bons exemples ne manquent donc point et l'élan est donné. — Si le capital trop longtemps détourné de l'agriculture voulait prudemment revenir à elle, si quelques millions étaient prêtés généreusement à notre sol, si la paix lui laissait les bras de ses enfants, si la sécurité industrielle et commerciale s'affermissait, le département du Cher, avec quelques nouveaux efforts, avec quelques années de persévérance, se placerait bientôt aux premiers rangs de ceux dont s'enorgueillit la France agricole.

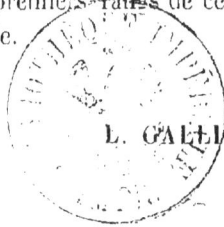

L. GALLICHER.